献给清华大学建校100周年
暨梁思成先生诞辰110周年

楼庆西 著

雕梁画栋

中国古代建筑装饰五书
Chinese Ancient Architecture Decoration

中国古代建筑知识普及与传承系列丛书

清华大学出版社
北 京

图书在版编目（CIP）数据

雕梁画栋／楼庆西著. —北京：清华大学出版社，2011（2023.11重印）
（中国古代建筑知识普及与传承系列丛书.中国古代建筑装饰五书）
ISBN 978-7-302-24974-0

Ⅰ.①雕⋯ Ⅱ.①楼⋯ Ⅲ.①古建筑－木结构－建筑艺术－中国－图集 Ⅳ.①TU-881.2

中国版本图书馆CIP数据核字（2011）第039426号

责任编辑：徐　颖　白　丹
装帧设计：锦绣东方图文设计有限公司
责任校对：王凤芝
责任印制：杨　艳

出版发行：清华大学出版社
　　　　　网　　址：http://www.tup.com.cn,　　http://www.wqbook.com
　　　　　地　　址：北京清华大学学研大厦A座　　　邮　编：100084
　　　　　社总机：010-83470000　　　　　　　　　邮　购：010-62786544
　　　　　投稿与读者服务：010-62776969, c-service@tup.tsinghua.edu.cn
　　　　　质量反馈：010-62772015, zhiliang@tup.tsinghua.edu.cn
印装者：小森印刷（北京）有限公司
经　　销：全国新华书店
开　　本：170mm×230mm　　　印　张：17　　　　字　数：210千字
版　　次：2011年4月第1版　　　印　次：2023年11月第10次印刷
定　　价：99.00元

产品编号：040860-03

献给关注中国古代建筑文化的人们

策　　划：华润雪花啤酒（中国）有限公司

统　　筹：王　群　朱文一
　　　　　清华大学建筑学院

主　　持：王贵祥　王向东

执　　行：清华大学建筑学院

资　　助：华润雪花啤酒（中国）有限公司

参　赞：侯孝海　张远堂　陈　迟　李　念
　　　　刘　旭　连　博　廖慧农　李路珂
　　　　李新钰　袁增梅　毛　娜

总序一

2008年年初，我们总算和清华大学完成了谈判，召开了一个小小的新闻发布会。面对一脸茫然的记者和不着边际的提问，我心里想，和清华大学的这项合作，真是很有必要。

在"大国"、"崛起"甚嚣尘上的背后，中国人不乏智慧、不乏决心、不乏激情，甚至不乏财力。但关键的是，我们缺少一点"独立性"，不论是我们的"产品"，还是我们的"思想"。没有"独立性"，就不会有"独特性"；没有"独特性"，连"识别"都无法建立。

我们最独特的东西，就是自己的文化了。学术界有一句话："建筑是一个民族文化的结晶。"梁思成先生说得稍客气一些："雄峙已数百年的古建筑，充沛艺术趣味的街市，为一民族文化之显著表现者。"当然我是在"断章取义"，把逗号改成了句号。这句话的结尾是："亦常在'改善'的旗帜之下完全牺牲。"

我们的初衷，是想为中国古建筑知识的普及做一点事情。通过专家给大众写书的方式，使中国古建筑知识得以普及和传承。当我们开始行动时，由我们自己的无知产生了两个惊奇：一是在这片天地里，有这么多的前辈和新秀在努力和富有成果地工作着；二是这个领域的研究经费是如此的窘迫，令我们瞠目结舌。

希望"中国古代建筑知识普及与传承系列丛书"的出版，能为中国古建筑知识的普及贡献一点力量；能让从事中国古建筑研究的前辈、新秀们的研究成果得到更多的宣扬；能为读者了解和认识中国古建筑提供一点工具；能为我们的"独立性"添砖加瓦。

王 群

华润雪花啤酒（中国）有限公司 总经理
2009年1月1日于北京

◆ 总序二 ◆

　　2008年的一天，王贵祥教授告知有一项大合作正在谈判之中。华润雪花啤酒（中国）有限公司准备资助清华开展中国建筑研究与普及，资助总经费达1000万元之巨！这对于像中国传统建筑研究这样的纯理论领域而言，无异于天文数字。身为院长的我不敢怠慢，随即跟着王教授奔赴雪花总部，在公司的大会议室见到了王群总经理。他留给我的印象是慈眉善目，始终面带微笑。

　　从知道这项合作那天起，我就一直在琢磨一个问题：中国传统建筑还能与源自西方的啤酒产生关联？王总的微笑似乎给出了答案：建筑与啤酒之间似乎并无关联，但在雪花与清华联手之后，情况将会发生改变，中国传统建筑研究领域将会带有雪花啤酒深深的印记。

　　其后不久，签约仪式在清华大学隆重举行，我有机会再次见到王总。有一个场景令我记忆至今，王总在象征合作的揭幕牌上按下印章后，发现印上的墨色较浅，当即遗憾地一声叹息。我刹那间感悟到王总的性格。这是一位做事一丝不苟、追求完美的人。

　　对自己有严格要求的人，代表的是一个锐意进取的企业。这样一个企业，必然对合作者有同样严格的要求。而他的合作者也是这样的一个集体。清华大学建筑学院建筑历史研究所，这个不大的集体，其背后的积累却可以一直追溯到80年前，在爱国志士朱启钤先生资助下创办的"中国营造学社"。60年前，梁思成先生把这份事业带到清华，第一次系统地写出了中国人自己的建筑史。而今天，在王贵祥教授和他的年长或年轻的同事们，以及整个建筑史界的同仁们的辛勤耕耘下，中国传统建筑研究领域硕果累累。又一股强大的力量！强强联合一定能出精品！

　　王群总经理与王贵祥教授，企业家与建筑家十指紧扣，成就了一次企业与文化的成功联姻，一次企业与教育的无间合作。今天这次联手，一定能开创中国传统建筑研究与普及的新局面！

朱文一

清华大学建筑学院　院长
2009年1月22日凌晨于清华园

前　言

建筑，除个别如纪念碑之类的以外，都具有物质与精神的双重功能。建筑为人们生活、工作、娱乐等提供了不同的活动场所，这是它的物质功能；建筑又都是形态相异的实体，它以不同的造型引起人们的注视，从而产生出各种感受，这是它的精神功能。

中国古代建筑具有悠久的历史，它采用木结构，用众多的单体建筑组合成群，为宫廷、宗教、陵墓、游乐、居住提供了不同的场所，同时它们的形象又表现出各类建筑主人不同的精神需求。宫殿建筑的宏伟、宗教寺庙的神秘、陵墓的肃穆、文人园林的宁静、住宅表现出居住者不同的人生理念，这些不同的建筑组成为中国古代建筑多彩的画卷。

建筑也是一种造型艺术，但它与绘画、雕塑不同，建筑的形象必须在满足物质功能的前提下，应用合适的材料与结构方式组成其基本的造型。它不能像绘画、雕塑那样用笔墨、油彩在画布、纸张上任意涂抹；不能像雕塑家那样对石料、木料、泥土任意雕琢和塑造。它也不能像绘画、雕塑那样绘制、塑造出具体的人物、动植物、器物的形象以及带有情节性的场景。建筑只能应用它们的形象和组成的环境表现出一种比较抽象的气氛与感受，宏伟或平和、神秘或亲切、肃穆或活泼、喧闹或寂静。但是这种气氛与感受往往不能满足要求。封建帝王要他们的皇宫、皇陵、皇园不仅具有宏伟的气势，而且要表现出封建王朝的一统天下、长治久安和帝王无上的权力与威慑力。文人要自己的宅园不仅有自然山水景观，还要表现出超凡脱俗的意境。佛寺道观不仅要有一个远离尘世的环境，还要表现出佛国世界的繁华与道教的天人合一境界。住宅不仅要有宁静与私密性，而且还要表现出宅主对福、禄、寿、喜的人生祈望。而所有这些精神上的要求只能通过建筑上的装饰来表达。这里包括把建筑上的构件加工为具有象征意义的形象、建筑的色彩处理，以及把绘画、雕塑用在建筑上等等方法。在这里装饰成了建筑精神功能重要的表现手段，装饰极大地增添了建筑艺术的表现力。

中国古代建筑在长达数千年的发展中，创造了无数辉煌的宫殿、灿烂的寺庙、秀丽的园林与千姿百态的住宅，而在这些建筑的创造中，装饰无疑起到十分重要的作用。这些装饰不仅形式多样，而且具有丰富的人文内涵，从而使装饰艺术成为中国古代建筑中很重要的一部分。1998年和1999年，我分别编著了《中国传统建筑装饰》与《中国建筑艺术全集·装修与装饰》，这是两部介绍与论述中国古代建筑装饰的专著，但前者所依据的材料不够全，而后者文字仅三万余字，所以论述都不够细致与全面。2004年以后，又陆续编著了《雕梁画栋》、《户牖之美》、《雕塑之艺》、《千门万户》和《乡土建筑装饰艺术》，但这些都局限于介绍乡土建筑上的装饰。经过近十年的调查与收集，有关装饰的实例见得比较多了，资料也比以前丰富了，在这个基础上，现在又编著了这部《中国古代建筑装饰五书》。

介绍与论述中国古建筑的装饰可以用多种分类的办法：一是按装饰所在的部位，例如房屋的结构梁架、屋顶、房屋的门与窗、房屋的墙体、台基等等，在这些部分可以说无处不存在着装饰。另一种是按装饰所用材料与技法区分，主要有石雕、砖雕、木雕、泥灰塑、琉璃、油漆彩绘等。现在的五书是综合以上两种方法将装饰分为五大部分，即：（一）《雕梁画栋》论述房屋木结构部分的装饰。包括柱子、梁枋、柁墩、瓜柱、天花、藻井、檩、椽、雀替、梁托、斗栱、撑栱、牛腿等部分。（二）《千门之美》论述各类门上的装饰。包括城门、宫门、庙堂门、宅第门、大门装饰等部分。（三）《户牖之艺》论述房屋门窗的装饰。包括门窗发展、宫殿门窗、寺庙门窗、住宅门窗、园林门窗、各类门窗比较等部分。（四）《砖雕石刻》论述房屋砖、石部分的装饰。包括砖石装饰内容及技法、屋顶的装饰、墙体、栏杆与影壁、柱础、基座、石碑、砖塔等部分。（五）《装饰之道》论述装饰的发展与规律。包括装饰起源与发展、装饰的表现手法、装饰的民族传统、地域特征与时代特征等。

　　建筑文化是传统文化的一部分，为了宣扬与普及优秀的民族传统文化，本书的论述既不失专业性又兼顾普及性，所以多以建筑装饰实例为基础，综合分析它们的形态和论述它们所表现的人文内涵。随着经济的快速发展，中国必然会出现文化建设的高潮，各地的古代建筑文化越来越受到各界的关注。新的一次全国文物大普查，各地区又发现了一大批有价值的文物建筑，作为建筑文化重要标志的建筑装饰更加显露出多彩的面貌，相比之下，这部装饰五书所介绍的只是一个小部分，有的内容例如琉璃、油漆彩画就没有包括进去。十多年以前，我在《中国传统建筑装饰》一书的后记里写道："祖先为我们留下了建筑装饰无比丰富的遗产，我们有责任去发掘、整理，并使之发扬光大。建筑装饰美学也是一件十分重要而又有兴味的工作，值得我们去继续探讨。我愿与国内外学者共同努力。"现在，我仍然抱着这种心情继续努力学习和探索。

楼庆西

2010年12月于清华园

目　录

概　述

　　中国古代建筑如果与西方古代建筑相比较，它的最显著特点就在于房屋结构所用的材料不同，中国采用的是木材结构体系，而西方采用的是石材结构体系。这种木结构最基本的形式是首先在地面上竖立木柱，在垂直的木柱子上架设水平的梁架，再在若干层梁枋上安置檩木与椽木，这样就完成了整幢房屋的木构架。在椽子上铺设瓦面而成屋顶；柱与柱之间砌造墙体和安设门窗而成屋身；上有屋顶，下有地面，四周为屋身围合而成的供人们使用的房屋空间。

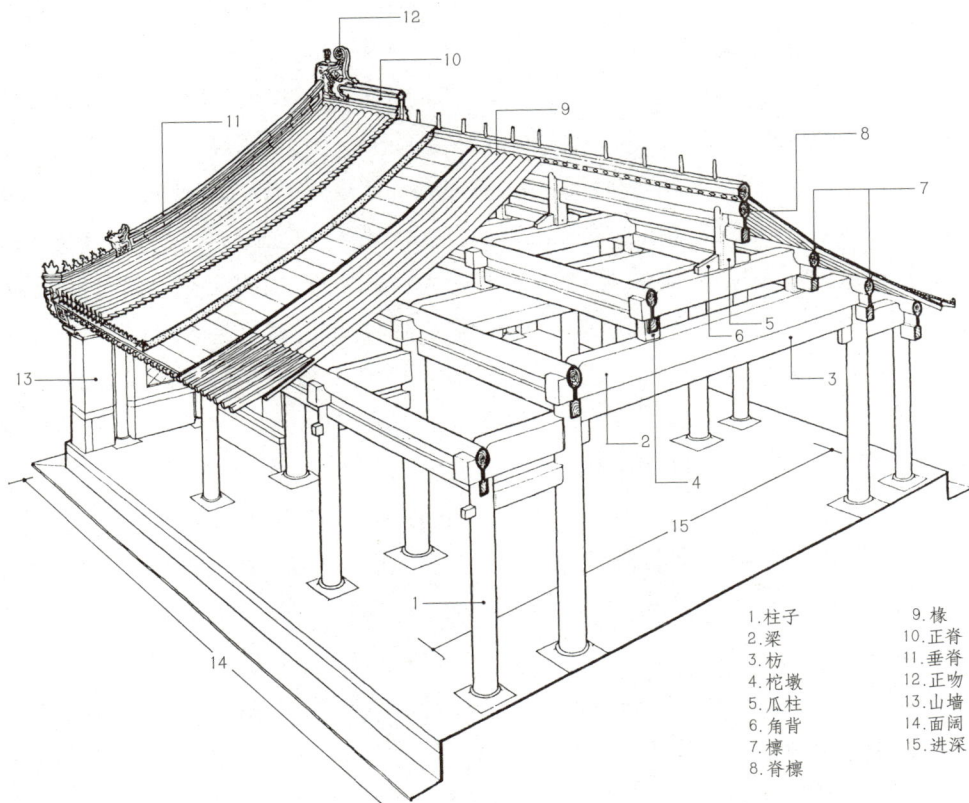

1.柱子
2.梁
3.枋
4.柁墩
5.瓜柱
6.角背
7.檩
8.脊檩
9.椽
10.正脊
11.垂脊
12.正吻
13.山墙
14.面阔
15.进深

中国建筑木构架图

在本系列丛书的《千门之美》和《户牖之艺》中介绍了中国古代建筑门与窗的形态，我们从这众多的门窗中见到了一种现象，就是这些门窗在制作过程中都进行了程度不同的美饰加工，从而使门窗不仅具有各自的物质功能，而且还产生了艺术效果，使它们成为建筑上很重要的一种装饰。

从一般规律来讲，房屋的门窗是如此，那么房屋的木结构梁架也应该是这样，也应该在具有物质功能的同时具有美的和艺术的形式。遗憾的是我国早期的建筑遗存至今的很少，除了能见到那时期的一些屋顶上的瓦件和地基之外，房屋的木结构部分都已经毁灭无存了。但是在古代文献中仍可看到古人对当时建筑的一些描绘。在《三辅黄图》中有一段对汉代都城长安未央宫的记载，大殿"以木兰为棼橑，文杏为梁柱；金铺玉户，华榱壁珰；雕楹玉碣，重轩镂槛；青琐丹墀，左碱右平；黄金为壁带，间以和氏珍玉……"。棼、橑、榱、楹、槛分别为房屋的檩木（棼、橑）、椽木（榱）、立柱（楹）和栏杆（槛）的古称，碣为石碑，墀、碱为台阶。这一段文字告诉我们：第一，当时已经采用名贵的材料建造和装饰建筑。木兰、文杏都是名贵的木材；玉石、黄金皆为稀有的材料，多用作皇帝、贵族的礼器和饰物，在这里用它们来制作石碑和装饰墙壁。第二，已经用雕刻和色彩装饰建筑。柱子、栏杆上已见雕、镂之工；除了玉石、黄金的本身色彩之外，还在椽子上敷以华丽的色彩。我们从留存至今的汉代玉器、漆器和黄金饰物上可以见到当时的工匠在制作工艺上的高超技能，因此有理由相信，在建筑，尤其是在帝王宫殿建筑上出现这类精美装饰的可能性。房屋有雕楹、镂槛、华榱，说明汉代宫殿已经出现了雕梁画栋。随着历史的发展，我们从留存至今的大量明、清时期的各类建筑上更看到了这种普遍使用雕梁画栋的现象，它们已经成为中国古代木结构建筑的一种特殊装饰，所以有必要专门对这类装饰作一番介绍与论述。为了论述的方便，需要先对中国古建筑木结构的主要构件作一简略的说明。

柱子：直立于地面，承受上面重量的构件，屋顶构架以及屋面瓦的全部重量都通过立柱传至地面，所以柱间的墙体和门窗皆不承受重量而只起到隔断和围护的作用。即使这些墙体、门窗损坏或者变动，房屋整体构架都不会倒塌，所以造成中国木结构建筑特有的"墙倒屋不塌"现象。

梁枋：梁是架设在立柱上的横向水平构件，它承受上面构件的重量，并通过立柱传至地面。枋是尺寸比较小的梁，其功能与梁相同。在清代木建筑构架中，往往把与房屋正面垂直方向的构件称为梁，平行方向的称为枋，但有时又不作严格的区分，所以一般

古建筑的雕梁画栋

梁架上的穿

都把这种构件统称为梁枋。

　　柁墩、瓜柱与角背：为了构筑成屋顶的框架，架设在立柱上的梁枋只有水平的一层还不够，需要多层梁枋层层叠加才能构成具有坡度的屋顶。在两层梁枋之间用作垫托的构件称为柁墩，它的功能就是将上一层梁枋的重量传递到下层。一般的柁墩其高都小于本身之长宽，但有时两层梁枋的间空较高，便使柁墩之高大于本身长宽，方整的垫木变成直立之短柱，即称为瓜柱或童柱。为了使瓜柱稳定，在两旁各加一扶持木，称为角背。

穿：穿是联络两柱间的辅助构件。因为两根立柱之间主要靠水平的梁枋连接，穿只在梁枋之外起辅助作用，所以它的尺寸自然比梁枋小，常位于立柱与梁上瓜柱之间或瓜柱与瓜柱之间，在檐柱与金柱之间的横梁之下的穿称为穿插枋。

檩木与椽木：檩木是架设在梁枋之上，两副梁架之间，平行于房屋正面的圆木，又称檩子，简称为檩。檩木的作用是承接屋顶上的椽木，同时又起联系固定左右两副梁架的作用。檩木不止一根，由屋檐至屋脊，随梁架之高低而等距离地排列，位于屋檐和屋脊的分别称为檐檩与脊檩。椽木位于檩木之上，与檩木成垂直方向均匀地排列，断面或圆或方，又称椽子，简称为椽。它的作用是供铺设屋顶瓦面，由于瓦的面积小，所以椽木多呈密集型排列。

雀替与梁托：雀替是位于房屋外檐柱与梁枋相交处的构件，它自柱内伸出，承托梁枋两头，能起到减小梁枋跨度和梁柱相接处剪力的作用，同时还能防止立柱与横梁垂直相交的倾斜变形。早期建筑上的雀替是一条替木，扁而长，跨在柱头的开槽内，从两头承托左右的梁枋，其长度几占梁枋跨度的三分之一，因为它处于梁柱的交角上，故称

角替,不知何时何故又改为雀替了。随着
时代的发展,到明、清时期,建筑上的雀
替形式由扁而长变成高而短了,而且也不
是一整条长替木放在柱头内,而是左右各
一块替木用榫头与柱头相连接,其长度只
占梁枋跨度的四分之一。

在房屋檐廊和室内的梁枋与柱子交
接处有时也安有雀替,由于梁枋的高低错
落,这里的雀替往往在柱子两侧并不在
一个水平面上,而且形状与大小也并不相
同,所以为了与雀替相区别,将它们称为
梁托,它们位于梁枋的两头,从柱中挑伸
出来,在结构上有托住梁枋的作用。

楣子、花牙子:在一些园林中造型轻
巧的游览性建筑,例如亭、榭、廊上,外檐
的两柱之间梁枋之下,多安有一排横向的
楣子,其形由纵横木棂格组成,在楣子之
下左右两边与柱子交接处就是花牙子的
位置,它的外形与雀替近似,但却由木棂
条组成透空花纹,是一种纯属装饰性的
构件。

斗栱、撑栱、牛腿:斗栱是中国古代
木结构建筑所特有的一种构件,它是由许
多小块方形的斗和拱形的栱拼合而成的
构件,常用在屋檐下与梁枋之间,它的作
用一是在屋檐下支撑伸出的屋顶檐部,减
少雨水对屋身墙面与门窗、立柱的侵蚀;
二是传递由上而下的荷重。人们常说硕大
的屋顶和深远的出檐成为中国古代建筑

梁托

楣子、花牙子图

的显著特征，而斗栱在这里起着重要的作用。所以屋檐下有一排排整齐的斗栱也成为
古代重要建筑的主要标志了。由小块木料拼合而成的斗栱安置在房屋最外沿的柱子和
梁枋上居然能够承挑如此深远的出檐，不能不说是古代工匠的一项创造。但是这种斗
栱的制作和安装却很费工费时，所以在一般建筑上多不采用斗栱而用斜撑的做法。一根
木材，上端支托在屋顶出檐的檐檩下，下端支撑在立柱上，就代替了檐下斗栱的作用，
既省工又省料。大概是为了延续斗栱的作用，在一些地方将这种斜撑又称为撑栱。不过
撑栱毕竟只是一根木条，它与立柱之间总保留着一块三角形的空白，为了加强檐下斜撑
的装饰效果，有的用雕花木板填充在这三角空白处，并且逐渐地二者联结在一起成为
一个完整的构件，于是棍状的斜撑成了三角形块状的构件，为了与撑栱相区别，把这种
三角形块状构件称为牛腿。

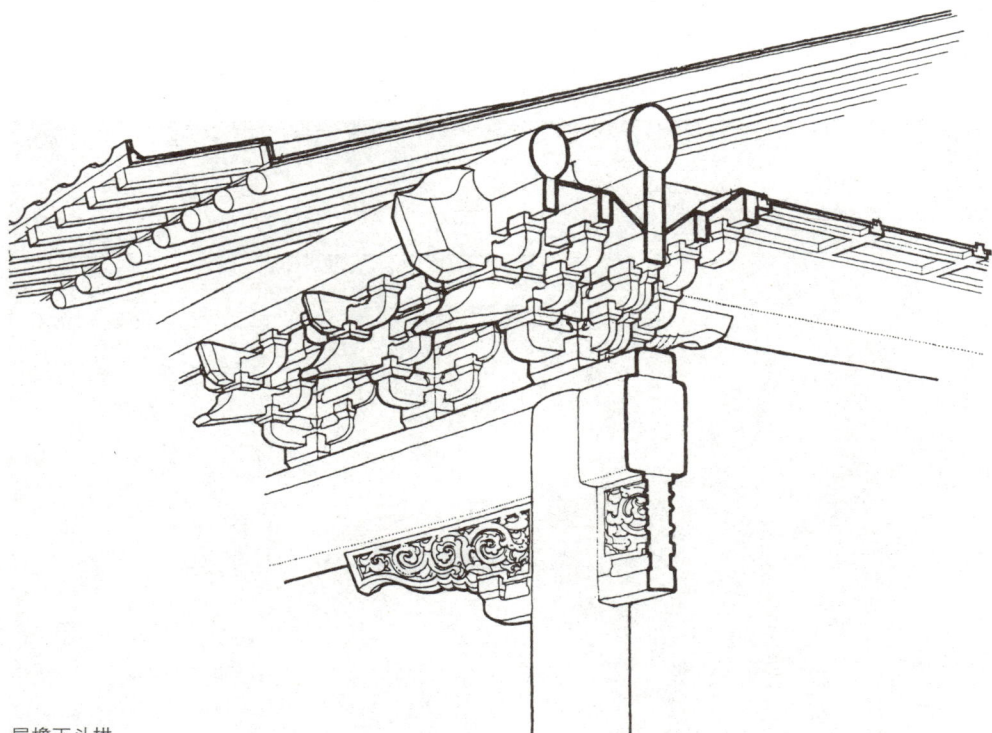

屋檐下斗栱

撑木

牛腿

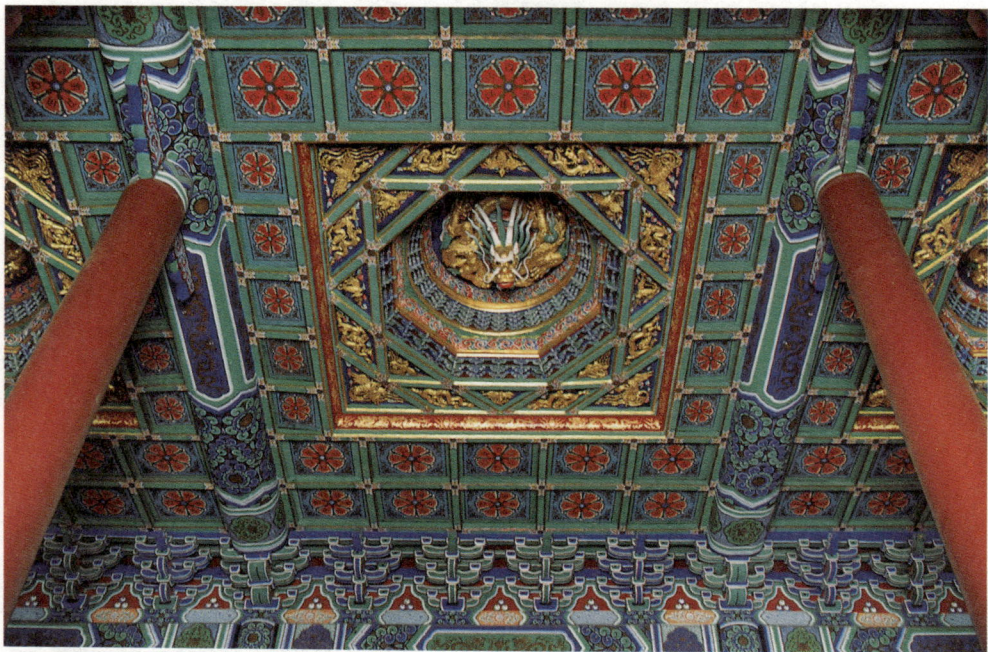

天花、藻井

　　天花与藻井：由梁枋等构件构成的室内空间，其屋顶有两种处理方法：一种是完全露明不作任何遮盖；另一种是在梁枋下做顶棚隔断上下，顶棚既可以阻挡梁架上落下的灰尘，又有助于室内保持一定的温度，同时还起美化作用，使室内有一个完整的空间。天花与藻井都是属于顶棚一类的构件，只是做法与外观不同。

　　在这些从柱子、梁枋到天花、藻井的大小构件上，古代工匠是怎样对它们进行加工和装饰的，这些构件具有什么样的形态，包含着哪些文化内涵，这就是本书要介绍的内容。

第一章

柱子与梁枋

柱　子

　　柱子与梁枋是一幢房屋的木结构中最重要的构件,梁枋构成房屋的屋顶,立柱承受着屋顶的全部重量,所以有"顶梁柱"之称,古人将支撑家庭负担的男子称为一家的"顶梁柱",可见柱子的重要。

一、立柱

　　西方古建筑的石柱也是承受重量的构件,在这些石柱上都有雕刻装饰,从古埃及、古希腊、古罗马的众多神庙、教堂的成排的石柱子上都可以见到这种装饰,它们往往是集中在柱子的头部,有时柱身和下端的柱础部分也有适当的装饰处理。在长期的实践中,这种石柱子的形态被总结、归纳为几种标准的形式,称为"柱式",在一个时期中,成为西方古代建筑创作中依据的范本。

西方建筑石柱头装饰

　　但是中国古建筑的木柱子却很少装
饰，我们见到的绝大多数柱子只把柱子的
上段柱径逐渐缩小，至柱子的顶端收缩
成覆盆形，这种做法称为"卷杀"或"收
分"，木柱子由树干制成，一棵大树树干
的自然生长形态就是下粗而上细，所以柱
子的卷杀只是顺其自然而加以强化而已，
使它在力学与视觉上更显舒服而合理。在
早期建筑的柱子上还有把柱子的下段也
进行卷杀的做法，使柱子中段粗，两头略
细，总体上更显轻盈而减少粗糙感，形如
织布用的梭子，所以称为梭柱。这类梭柱
在明、清时期的宫殿、坛庙等宫式建筑上
已经不用，但在乡村的寺庙、祠堂里偶尔
还能见到。

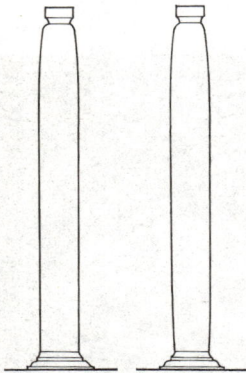

云南傣族佛寺大殿立柱

木柱图

　　为了使柱子免受潮气的侵袭，多在柱
身上涂抹油漆，油漆可以用透明的清漆，
刷在柱子上仍可显露出木材的本色。但也
有各种不透明的彩漆，刷在柱子上使柱子
呈现出不同的颜色，例如在佛寺大殿里

傣族佛寺大殿内景

常见到的红色柱子，在祠堂里见到的黑色与棕色柱子，它们和梁枋以及庙堂里的摆设在一起可以营造出某种特殊的环境氛围，所以这种刷在柱身上的油漆也可以说是一种装饰。在云南西双版纳地区的佛寺大殿中也可以看到这种油漆的柱子。西双版纳南传佛教寺庙的佛殿体量多宏大，因此殿内柱子多呈高耸之势，为了营造佛殿内的气氛，在讲究的大殿中多把柱身满涂金色，但是在柱子的上下两头却油漆成红色，再在红色上用金色绘制出各种花饰，有的柱子太高，还在柱身的中段加几道红色环带，这些金红色的柱子和同样用金、红色装饰起来的梁枋以及在金色佛座上的金面红袈裟的佛像，悬挂在梁枋上的赤色幡帐，共同营造出了金碧辉煌的佛国世界。

所有木柱子的下端为了避免地面潮气侵袭，都有一块石料制作的柱础，因为柱础接近人的视点，所以也成了装饰的重点，柱础装饰属石雕艺术，将放在《砖雕石刻》专著中论述，这里不作介绍。

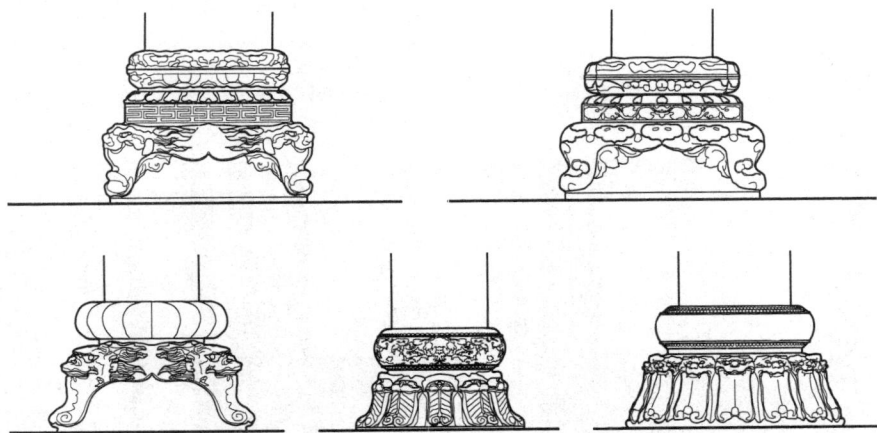

柱础石图

在全国各地、各类型的古代建筑中，也有少数柱子是有雕刻装饰的。最显著的是在新疆地区清真寺礼拜殿所见到的柱子。因为清真寺要容纳众多的伊斯兰教徒前来礼拜，所以礼拜殿多设有宽敞的空间，里面有成排的柱子支撑着屋顶上的梁枋与天花。像清真寺的门窗多有华丽的装饰一样，这些柱子从柱身到柱头也都有装饰。新疆喀什艾提尕尔清真寺礼拜堂的柱子细而高，整体呈六面体，从下至上略有收分，下段约三分之一的高度做成须弥座形，柱身满敷绿色，与大面积的白色天花与墙面组成清净的礼拜空间。在喀什阿巴和加麻扎的礼拜寺中则看到比较复杂的柱子装饰。排列成行的柱子，都是

13

新疆喀什阿巴和加麻扎礼拜寺柱子

八角形，从上到下分作柱头、柱身和柱础三部分。柱头装饰最丰富，多沿着周围雕出一系列小龛，尖顶的小龛上下多层，每个小龛里都画着植物花叶，它们从柱头向上扩张，像一丛盛开的花冠戴在柱子顶端。柱身也分为上下两段，上段装饰比较少，只在八个楞角上起线角作装饰；而下段由于最接近人的视线，因此做了重点装饰。下段又分作几小段，分别做成圆形或八角形，表面雕出大花叶或细花叶，近观做工都很细致。柱础部分比较简洁，只有不同的截面而不作雕饰。所有这些雕饰都按伊斯兰教教规，全部采用植物和几何纹样而不见任何动物形象。值得注意的是，

新疆喀什艾提尕尔清真寺礼拜堂立柱

礼拜寺柱头装饰

阿巴和加麻扎礼拜寺内景

这样排列成行的柱子，它们的装饰虽然在总体分段、截面形式上都相同，但在装饰的花样和色彩应用上都不雷同，这种在宏观上五彩缤纷，细看花饰不同，色彩迥异的装饰组成一幅极具阿拉伯伊斯兰教艺术风格的画面。

在有的寺庙建筑柱子上也看到用盘龙装饰的。沈阳故宫崇政殿内堂陛的两根檐柱上各有一条盘龙，龙身盘卷在柱身上，龙头伸向中央，构成双龙对戏的场景。四川的一座寺庙大殿前檐柱子上也有这种盘龙。这样的装饰，其形象很突出，但破坏了柱子的完整与简洁性，效果并不好，所以用的地方不多。

在有的坛庙建筑上也有用石柱子的，常见的是在主要的殿堂上或全部或中央几开间的重要位置上采用石柱子。石柱的优点是不怕潮湿和病虫害的侵蚀，坚固持久，在柱身上可以直接进行雕刻装饰。但这些中国建筑上的石柱子却并不像西方古建筑的石柱子那样，着力去雕刻装饰柱头和柱身，它仍然遵循木柱子的装饰规律，柱身光光的，柱头没有雕饰，把装饰集中在下端的柱础上。这类石柱子有圆有方，也有做成八角形的。有的讲究方形柱子在四角上加一点线角处理，也有的把大门或厅堂上的楹联直接镌刻在柱身上，使本为附加在柱子上的楹联变成柱子本身的一部分了。

沈阳故宫崇政殿堂陛龙柱

四川寺庙大殿龙柱

17

二、垂柱

在我国西南地区四川、贵州等省的山区农村，许多房屋都依山而建，两层的楼房，上层靠外的一排柱子由楼层之间的梁枋支承着而不着地，这样的做法既不影响楼上的使用面积，又使楼下没有柱子而便于村民与牲畜的来往通行，这种房屋当地称为"吊脚楼"。在木结构建筑中，柱子是立于地面上承受重量的，但在这里变成为垂在半空中的半截柱子了，所以称它们为"垂柱"。垂柱的下端只是一个柱子截面，显得粗糙而不美观，于是工匠将它们加工成方形、圆形、六角形、八角形的柱头。楼层下一排垂柱，一个柱头一个样，有的还加工成花朵形，所以又称它们为"垂花柱"。

广东广州陈家祠石柱

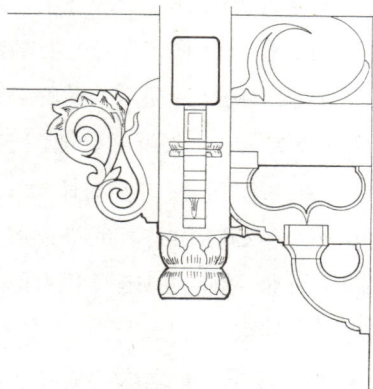

屋檐下垂柱

这种垂柱也用在一些房屋的屋檐之下。房屋的出檐有时不用撑木、牛腿支承而由立柱头上伸出的梁枋承托，在这类梁枋的前端加一段垂柱，由垂柱顶住上面的屋檐，于是屋檐下出现了一排垂柱头，它们成了装饰的重头戏。福建永安槐南乡有一座安贞堡，这是一座规模很大的住宅，共有房屋300余间，在它中心区天井四周的屋檐下有一周圈垂柱，这些垂柱的柱头被分别雕刻成宫灯、花灯、莲花等多种形式。宫灯为六面体，花灯为四方体，莲花有重瓣与单瓣之分。这些垂柱头的分布是越靠近中央厅堂的越华丽。中国地域辽阔，各类房屋众多，这样的垂花柱在各地工匠的实践创作中出现了丰富多彩的形态。

福建永安安贞堡屋檐下垂柱

　各地垂柱

各地垂柱

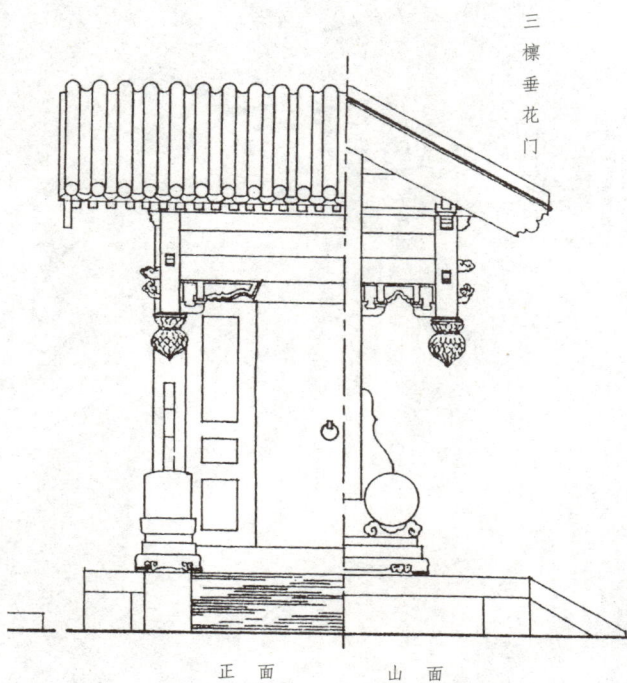

正　面　　　　山　面

北京四合院垂花门

垂花门的垂花

北京四合院有一道内门，它的形式是两根立柱支撑着屋顶，屋顶的前面屋檐下左右各有一段垂柱，柱头雕成花朵形，所以称垂花门，垂花门成了北京四合院内院门的专门称呼。北京四合院自元代开始形成，经明、清两代沿袭数百年，在长期的实践中，这种垂花门的形式已经成为固定样式，门上的垂柱分为上身与垂花两部分，上身之长为垂花门檐柱高的十五分之四，垂花之长为上身的二分之一，上身见方按檐柱径十分之九，垂花的式样也多为云气纹，这样规定的好处是保证了垂花门形态的质量，但缺点是限制了工匠的创造性，所以其他地区在没有这种统一规矩的限制下必然会出现千姿百态的垂花柱头。例如在山西晋商留下的一批住宅大院中，凡中心厅堂门前多设有门斗，门斗的两侧各有一个垂柱头，这些垂柱头有四方、八角、花盆等各种形式，从外形到雕花没有一处是雷同的。

北京四合院垂花门

四川都江堰二王庙垂柱

在众多垂花式样中，莲花瓣是常见的一种，其中有排列紧凑的莲瓣，有层层剥离的莲瓣，也有在花瓣上作镂空雕刻的莲瓣。在四川灌县二王庙建筑上可以看到花篮形的垂花，别处还有花盆形垂花。垂花中最复杂的要算福建一些寺庙、祠堂中的走马灯形的垂花了。走马灯是花灯中的一种，用竹、木做框架，糊以纸张，纸上绘有人物、动物与花草，灯为多角形，中央有轴可以转动，随灯之转动，灯上的人物画面以次展现在人的眼前。在夜色中，灯中点燃烛光，花灯色彩更显丰富。现在在垂柱头上，完全用木雕刻出走马灯的形态。灯身八面体，每个面上都刻出人物、花卉，灯身外围还雕出一周圈的璎珞垂穗，各部分皆敷以色彩，这样的垂花灯虽不能转动，但它的装饰效果已经超过了走马灯。更有复杂的是在走马灯上方，围着垂柱上身雕出一组骑马、舞刀的武士群相。这样的垂柱，它们的装饰作用已经超出了结构上的功能性，一个个五彩缤纷的走马灯悬挂在屋檐下，人们抬头观望，仿佛是在欣赏系列的木雕艺术品。

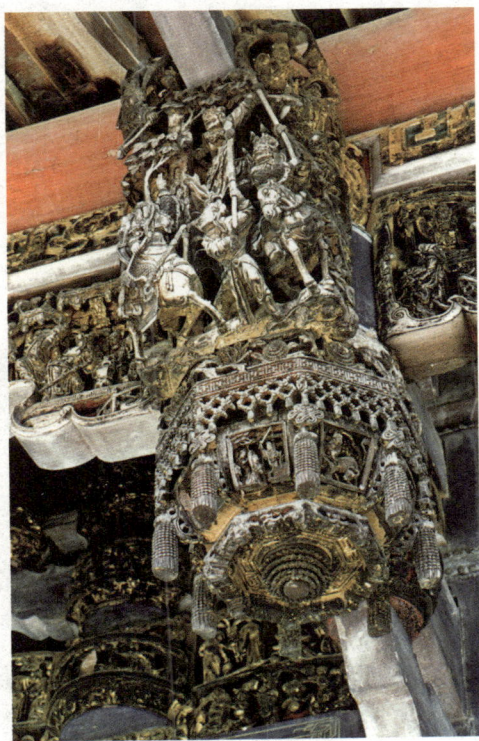

福建地区的垂柱

25

梁　枋

梁枋是构成建筑屋顶的重要构件，在比较大型的殿、堂、厅、馆建筑中，除宫殿建筑之外，绝大多数在室内都不设天花，所以这些梁枋都能直接见到，因此在加工制作过程中多对它们进行了不同程度的美化与装饰。

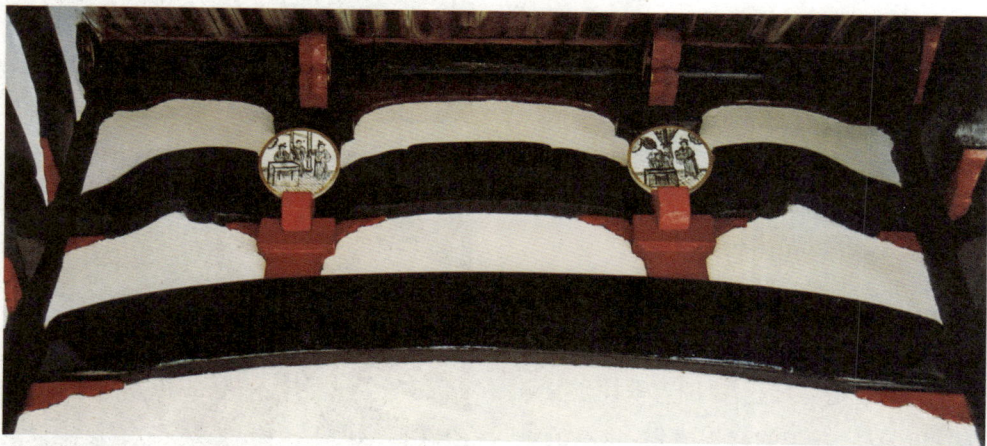

自然形的月梁

加工的月梁

一、整体加工

架在两根柱头上的木梁要承受上面构件的重量，从力学上讲，中央向上拱起，整体略带弯曲的梁比平直的梁承受力要强，所以我们在乡村的一些寺庙、祠堂中可以见到用自然弯曲木材做成的梁。可能是由此得到启发，在自然弯曲的木材很难找到的情况下，

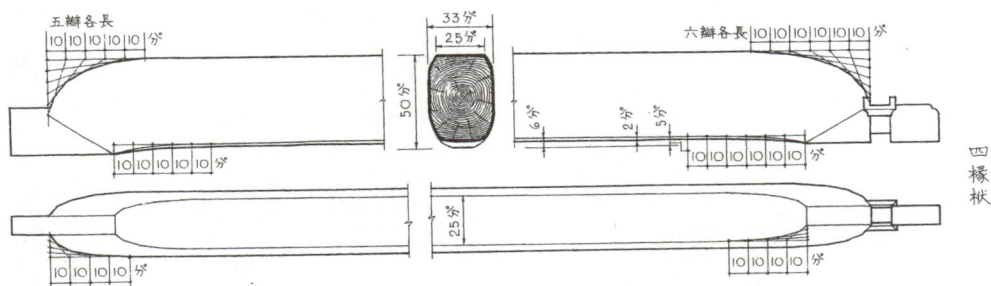

宋《营造法式》月梁图

浙江武义俞源村住宅月梁

安徽黟县住宅堂屋梁

安徽黟县住宅堂屋梁

工匠在制造梁枋的过程中将平直的木材也加工成弯曲状。其方法是把直梁两头的上面向下砍成曲面，直梁中段的底面砍作成向上起觚的曲面，这样一来，一根平直的梁枋就变成两肩下垂，中央拱起的曲梁了，因为它整体上形如弯月所以称为"月梁"。月梁在力学上合理，视觉上也更美观，所以成了梁枋加工的普遍做法，在宋代朝廷颁行的《营造法式》中专门有"造月梁之制"，对梁的两头向下卷刹，梁之中段向上起觚都有明确规定的做法。除了梁枋的立面呈月梁形外，在梁枋的两个侧面也加工成略呈曲线的琴面，以减小木梁方整笨拙之感。月梁有长有短，其弯曲程度也有大有小。在一些房屋的檐廊上，梁的跨度不大，但梁的断面不小，这样的月梁弯曲度显得很大。在安徽黟县一些住宅的堂屋门洞上也有此类跨度不大的梁，这些短梁加工成为月梁后形如元宝，故称"元宝梁"。

也有把平直的梁枋加工成中段高，两头下斜成平坡形的，如在浙江缙云县河阳村文翰公祠的下堂就有这样的梁枋，这种中央拱起的梁在视觉上看起来比较稳妥，但在力学上并无优点，同时需要大直径的木材制作，十分浪费材料，因而很少见到。

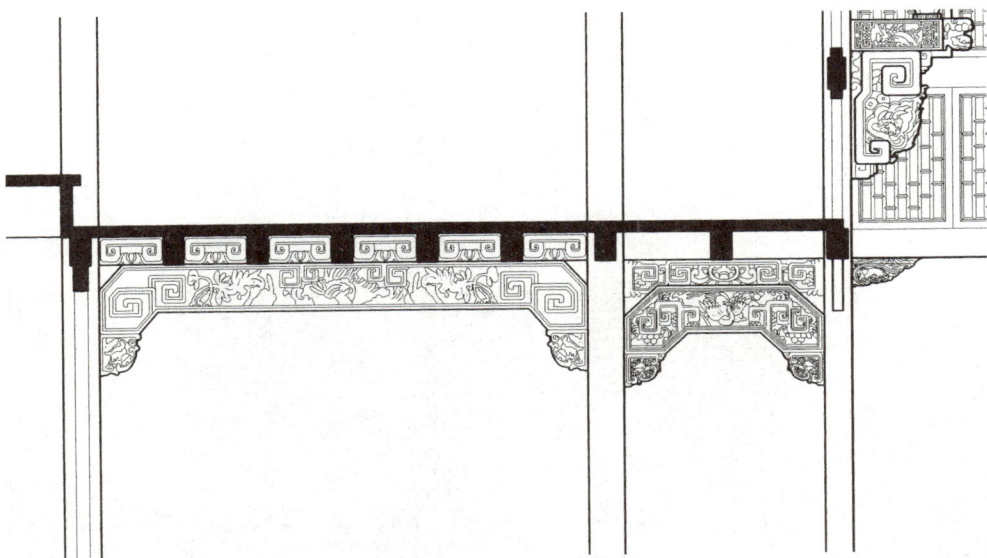

平拱形的梁枋

二、梁面雕刻装饰

　　由平梁做成月梁只是在整体造型上的加工，进一步的装饰需要依靠雕刻。雕刻最简单的是在梁身两头用刀刻纹组成的装饰。它们的形式是在顺着月梁两肩卷杀的弧线延续到梁的垂直面上，雕出一道弧形刻纹，这道刻纹多由两条向下的阴刻纹组成，中间有一道突起的棱线，它们由梁头下端向上翻卷，越来越窄而变成锋利的尖端，因为它的

梁头上的刻纹

不同形式的梁头刻纹装饰

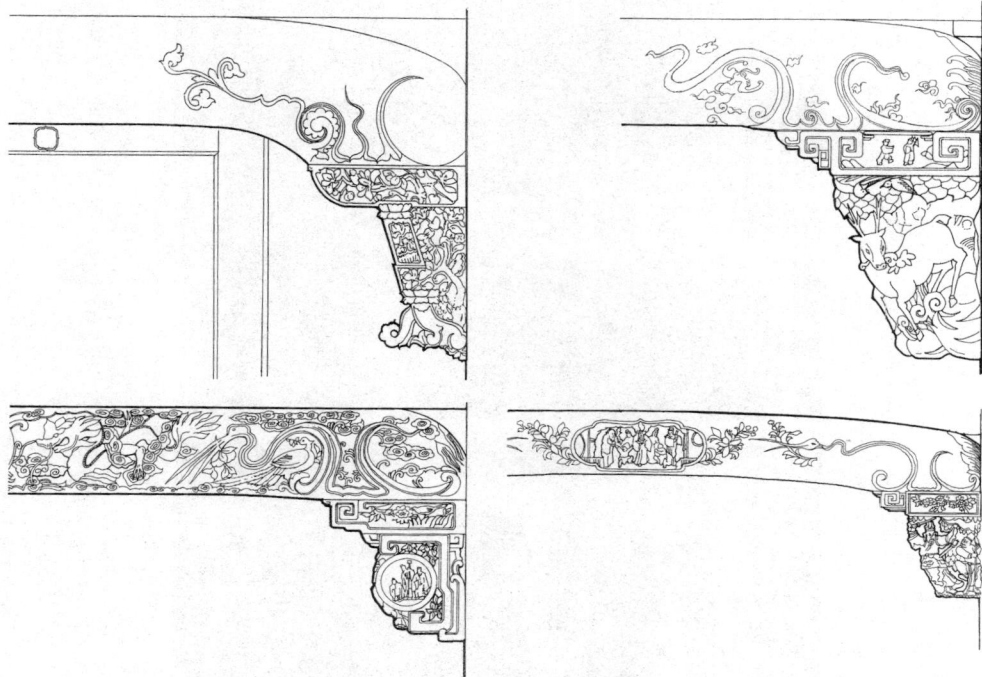

梁头刻纹装饰图

形象很像虾须，所以当地以"虾须"称之。中国神龙的形象传说是由多种动物之形组合而成，龙爪似鹰，龙鳞似鲤，龙须似虾，所以虾须之刻纹又称"龙须"。龙须经过工匠之手，越来越富有变化，弧线由圆到椭圆到不规则的曲线；尖端变成了扬起在空中的马鞭绳；一道简洁的弧形刻纹，经过精巧的处理，表现出柔中有刚，富有力度，在这小小的梁枋身上，我们又见到了汉代漆器上花纹和敦煌石窟唐代壁画中飞仙衣带所表现出的那种神韵。但是工匠的创造并不仅限于此，他们进一步把这弧线有时刻成植物的枝叶，也有将尖端刻成仙鹤的头，长长的鹤嘴叼衔着一枝花叶，仿佛是一只站立在岸边的仙鹤探头戏水，其构思之巧妙令人叫绝。于是梁头的刻画越来越复杂了，弧线四周出现了云气、卷草，刻纹变为浮雕，有时还敷以色彩，形象更加丰富。

梁上雕刻装饰

为了增加梁枋的装饰效果，这种雕刻不仅限于梁枋之两头而向中心发展。常见到的是在梁枋的中央加一块装饰，外形有三角、椭圆等形，四周有边框，中心常雕出一幅由人物环境组成的戏曲场景。由于梁枋在上，人们抬头能够看得见梁枋的底部，所以在讲究的祠堂、住宅里，有的在底部也加雕饰，大多用回纹与植物花叶组成条状装饰刻画在梁底的中段及两端。

梁枋中段的装饰

梁枋底面装饰

在规模比较大的住宅和祠堂的门厅或厅堂的中央开间，横跨在柱子上的梁因为间距大而尺寸也比较大，由于中央开间都是房屋的主要入口，所以这根大梁称为"骑门梁"，骑门梁骑在大门上，位置显要，自然成了装饰的重点。浙江建德新叶村崇仁堂是村里一座主要祠堂，堂内祀厅的骑门梁身上两端是线刻的仙鹤头，口叼花叶面向梁中央的中心雕饰，长圆形的中心画面中雕着人物故事，左右两侧有花叶簇拥。梁背上的空隙处

浙江建德新叶村崇仁堂骑门梁

新叶村五圣庙骑门梁

用小型雕花板和变形龙身填充，梁底两端又有雕花梁托相承，它们共同组成了华丽的门头。新叶村五圣庙大门上也有骑门梁，曲拱形的月梁上，左右两头和中央都有卷草纹作装饰，素白色浅浮雕花在红色梁身的衬托下，显得十分醒目。装饰得最华丽的要算是新叶村文昌阁大门上的骑门梁。梁中央为一幅人物雕刻，左右两侧各有一条行龙相拥，梁两头为仙鹤衔花草，鹤身下还雕着一只长尾鹊鸟，在它们之间满布云朵纹，可以说整条梁身上满铺雕饰，加上梁下的梁托，梁上方的雕花、牛腿，组成一幅木雕的门头。不仅在这些寺庙、祠堂的大门上，即使在江南一些市、镇的商铺门上也设有这类骑门梁。单开间的店铺门上架一条横梁，梁身弯曲如弓，两头有梁托支承，梁身表面满布雕饰，梁下挂着店名牌匾，把小小店门打扮得十分醒目。

新叶村文昌阁骑门梁

浙江小镇商店骑门梁

在江西景德镇一座祠堂中还看到一处雕花的小月梁，梁身弯曲如拱，跨在两根大梁上支承着上面的卷棚天花，月梁完全雕刻成两只狮子，狮头在下，狮身倒立，中间夹着绣球，组成双狮耍绣球的造型，狮身、绣球满敷金色，既华丽又生动，可以说把梁枋装饰到了极致。在别处建筑上也见到类似梁枋，例如在辽宁沈阳故宫崇政殿檐廊上的挑头梁，把整条梁当作一条龙，伸出檐廊之外的梁头雕作龙头，梁身即龙身，藏在殿内的梁尾刻成龙尾，还露出两条龙腿、龙爪，相邻两根柱头上的梁头即龙头相互对峙，中央有一颗火焰宝珠贴在梁上，形成双龙戏珠的景象。龙是中

沈阳故宫大殿龙形梁

华民族图腾的象征，所以除了宫殿建筑，在有的寺庙殿堂上也见到把檐廊上的短梁雕作龙形的，也有只把梁头雕饰作龙头，梁身只作花叶雕饰的。

江西景德镇祠堂狮子形梁

住宅建筑的龙头梁

住宅建筑的龙头梁

三、梁面彩绘装饰

梁枋除了用雕刻外也有用彩绘作装饰的。木梁枋和木柱子一样，为了减少空气中潮气对木材的侵蚀，多在梁枋上涂刷油漆，由单色的油漆发展到用彩色油漆在梁枋上作画，形成为中国古建筑特有的"彩画"装饰。安徽歙县呈坎乡罗氏宗祠的宝纶阁建于明代，走进殿仰望阁顶，在排列的梁上都有彩绘装饰，它们的形式是一块方形彩布，成对角形包在梁身的中央，由下往上，使梁身的底面与两侧都有彩饰。彩饰由小型团花排列成锦，四周有一道较宽的边饰。这种彩饰从形式到花纹都好似一块染有锦花的彩色包袱包裹在梁身上，所以称为"包袱彩画"。明、清两代的彩画中有一种"苏式"彩画，其中心部分的"包袱"即起源于此。在南方不少寺庙、祠堂里的梁枋上都有这种包袱彩绘，不过除了中心的包袱外，梁的两头也有彩绘，最后发展到梁身整体都满施彩画。北京皇家园林颐和园，许多殿堂的梁枋上都采用这类苏式彩画装饰，园内万寿山的脚下有一条

安徽歙县宝纶阁梁枋彩画

寺庙梁枋彩画

长达728米的长廊，由273间廊屋连接而成，在每一间廊屋的左右两侧梁枋的内外两面都有彩画装饰，它的中心部分是一个大包袱，不过这里的包袱不是正方形而是圆形包袱垂铺在梁上，在包袱心上绘制着山水风景，植物花草，一幅一个样，从内容到形式都互不雷同，从而使长廊成为一条彩色的画廊。

北京颐和园长廊彩画

北京颐和园长廊彩画

　　当然在梁枋上不都是这类包袱式的彩饰，从各地大量的实例来看，梁枋上的彩饰大多分布在中心和两头，中心部分称枋心，枋心的两头有折线的、如意纹的、回纹的，形式多样。枋心中彩画的内容随建筑性质而不同，园林建筑的梁枋上多绘制山水风光、植物花叶。云南古城丽江为东巴文化传承地区，在丽江的一些寺庙殿堂的梁枋枋心内有用东巴文字作装饰的。也有在梁枋上满布彩绘进行装饰的。云南西双版纳傣族地区南传佛寺大殿梁枋上就是这样的装饰，一条梁枋的底面和左右两侧面全部绘以花饰，在红色底子上用金色绘出由植物花叶组成的图案，这些梁枋与金色红花装饰的立柱组成十分热闹的佛寺空间。

北方寺庙大殿梁枋彩画

云南傣族佛寺大殿梁枋彩画

云南丽江寺庙梁枋彩画

傣族佛寺大殿内景

梁枋上的彩绘装饰当以宫殿建筑最讲究。辽宁沈阳有一座清朝入关之前的皇宫，清朝统治者虽然很注意学习和因循明朝的礼制，但在进入北京之前毕竟没有亲眼目睹明代的紫禁城，所以在沈阳建造的皇宫虽然也用了琉璃砖瓦、石料等作材料，但在建筑形制上还没有达到明代皇宫的水准。主要大殿运用的是八角攒尖和硬山式屋顶，殿内屋顶梁枋毕露，所以在这些露明的梁枋上极力用装饰手段以表现出皇宫的宏伟。崇政殿是沈阳故宫中皇帝日常上朝理政的场所，殿中央设有皇帝的御座，御座上面还有一座凉亭式的"堂陛"。殿内不设天花，在所有露明的梁枋、檩、椽上几乎都满布彩绘。在横跨前后柱子的主要大梁上，中心是一个圆形大包袱自下而上裹包着梁身四个面，包袱里在红色的底子上有两条金龙游弋在蓝色的云朵间。在梁身两头又各有一小块方形包袱自上而下搭在梁上，包袱里有花叶纹饰。在圆形、方形包袱之外的梁身上还绘有花朵和叶纹。绿边红心与金龙的圆形包袱和绿色的方形包袱，在蓝色、红色底子上的白色花朵和绿叶，把一座平直的大梁装饰得十分华丽。在这架大梁之上还有两层较小的梁枋，它们虽然不用包袱，但也在枋心绘有金龙，梁枋两头满布植物枝叶的装饰。这些梁枋和屋顶上也同样经过彩绘的檩木、望板在一起组成了崇政殿内华丽的空间，它们的艺术效果与满铺天花的宫殿相比也并不逊色。

沈阳故宫崇政殿梁枋彩画

和璽彩畫示範圖

清代宫殿和玺彩画图

　　北京紫禁城里的建筑，从主要的殿堂到建筑群体的宫门，它们多在殿内柱子上设有天花将屋顶的梁架遮挡住以期围合成殿堂内一个规整的空间，但是在这些建筑的屋檐下和殿内天花板的下面仍有部分可以看得见的梁枋，在这些梁枋上都有彩绘装饰。关于梁枋上的彩画，宋代《营造法式》中已经把它列为专门的工种，按彩画的不同图案归纳为五个品种，并规定了施工操作的程序和做法，可见宋代的重要建筑上已经比较普遍采用了彩画，但遗憾的是宋代建筑留存至今的不多，尤其是彩画比较容易损坏，即使少量宋代建筑留存下来，房屋梁枋上面的彩画多已无存或者已经残破不全了。紫禁城留存了大量明清两代的建筑，但是经过历次修缮，现在能够看得见的彩画，尤其是在房屋外檐结构上的彩画绝大部分都是清代绘制的。我们现在要介绍的是梁枋上的彩画，按清代朝廷工部颁行的《工程作法》中有关"画作"的规定，根据它们的图案、用色的不同大体可以分为三种类型，即和玺彩画、旋子彩画和苏式彩画。

金龙和玺彩画

龙凤和玺彩画

和玺彩画 这是彩画中的最高等级，使用在主要的宫殿上。这种彩画的布局是将梁枋全长分为三段，中央部分为枋心，约占全长的三分之一，左右两端为箍头，箍头与枋心之间为藻头。和玺彩画的主要特征就是在这三部分里都用龙纹作装饰，根据三部分不同的形状相应地绘制不同形状的龙。在枋心绘行龙，即行进中的龙，左右两条行龙龙首相对，中间有一枚火焰宝珠，构成一幅双龙戏珠的画面。枋心相邻的左右藻头中绘龙头在上的升龙或者龙头朝下的降龙，两端箍头里绘制正面端坐的坐龙。所有这些龙和各部分之间的线路贴以金铂，在蓝色或绿色的底子上闪闪发光，产生一种金碧辉煌的效果，所以这种和玺彩画也称为金龙和玺。在紫禁城主要宫殿太和殿、乾清宫的外檐梁枋上都用的是这种彩画。紫禁城内廷的交泰殿是皇后接受朝拜的殿堂，所以在它外檐的梁枋上出现了龙、凤纹并用的和玺彩画，其形式是枋心用龙纹，藻头、箍头内用凤纹。如果有上下两层梁枋，则上面的大梁枋心用龙，两侧藻头、箍头用凤；下面的枋心用凤，左右藻头、箍头内用龙；两层梁枋之间的垫板上则龙、凤并用，这样的彩画称龙凤和玺。还有一种是在枋心中用龙，而在两头的箍头中不用龙而画植物花草，称龙草和玺，多用在较次要的殿堂梁枋上。在封建社会，龙象征皇帝，凤象征皇后，所以朝廷按礼

龙草和玺彩画

制规定除皇帝所用的宫殿建筑之外，其他建筑上不许用龙和凤作装饰，即使在同样用龙作装饰的和玺彩画上，也还有金龙、龙凤、龙草和玺的区别，这种封建礼制的等级性在小小的梁枋装饰上也表现得很明显。

旋子彩画 这是等级次于和玺彩画的一种彩画，多用在紫禁城次要殿堂的梁枋上，它的布局与和玺彩画一样左右分为三部分，二者不同之处在于藻头部分不画龙纹而代之以旋子花纹。标准的旋子花

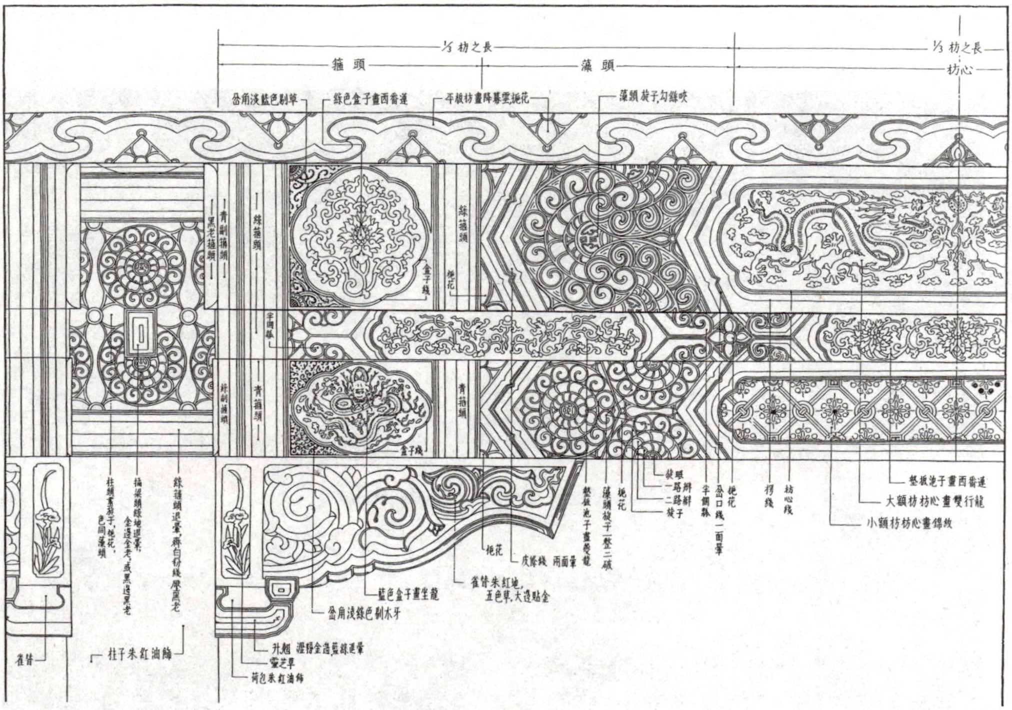

彩画上旋子图案

旋子彩画图

龙凤枋心旋子彩画

纹为圆形，内外由多层组成，中心圆为花心，也称旋眼，花心周围环以一层或二层花瓣，花瓣之外环绕一圈旋涡状的花纹称旋子，因而得旋子彩画之名。这种圆形的旋子纹也可以对半分为两个半圆相背连在一起，在藻头部分比较长，需要多个旋子纹时，几种旋子纹便相连显得有变化。

　　旋子彩画用处比较广泛，从次要的殿堂、宫门到建筑群体两边的屋房都用这种彩画，所以它又分为若干种类。其区别之一在于梁枋中央枋心部分的内容，在上下二层梁枋上：枋心中一画龙纹，一画凤纹的称龙凤枋心旋子彩画；一画龙纹，一画锦纹的称龙锦枋心；上下枋心全画锦纹与花卉的称花锦枋心；枋心只画一道墨道的称一字枋心，什么也不画的称空枋心。区别之二是彩画中用金色的多少。旋子彩画中喜在旋子纹的中心旋眼部分和各种花纹之间和轮廓纹路上用金色装饰，所以用金处越多的等级越高，直至全部用金。正因为旋子彩画有这么多的不同种类使它能够分别用在不同的建筑上，因而满足了按封建礼制将建筑分为不同等级的要求。

　花锦枋心旋子彩画

龙锦枋心旋子彩画

一字、空枋心旋子彩画

苏式彩画　这是从南方的包袱彩画发展而形成的一种彩画，它的特征是梁枋的中段用圆形的包袱覆盖，如同前面介绍的包袱彩画一样。但不同的是包袱内画的内容，早期包袱彩画的包袱内多为简单的团花、锦纹，沈阳故宫崇政殿彩画包袱中画的是龙纹，清代苏式彩画包袱心内容则为山水、人物、禽兽、植物花叶，不拘一格，但不画龙凤这类具有帝王象征性的内容。除枋心部分的包袱外，对藻头的形式内容也有规范的式样，常用葫芦、桃、树叶、扇面、椭圆等形作盒子，盒内也绘有山水、人物、动物、植物等，总之这种彩画从形式到内容都比较随意和生动活泼，它适用于园林和住宅建筑的梁枋上。紫禁城建筑上还有一种彩画，其形式与和玺、旋子彩画一样，梁枋上分为枋心和箍头、藻头部分，但在枋心里画的是植物花叶，箍头、藻头的形式与标准苏式彩画一样，形式与内容都比较活泼，所以尽管它没有用包袱，但也归入苏式彩画一类，在紫禁城东西六宫的居住宫室上常可见到。

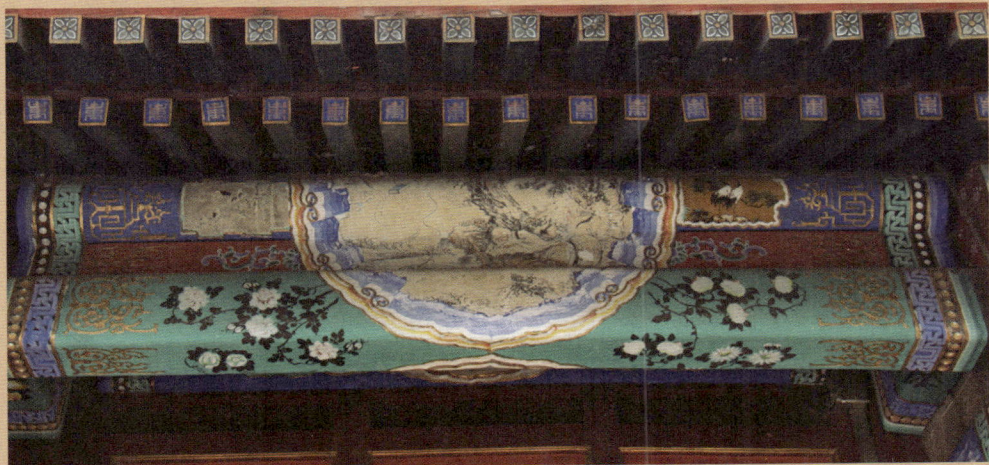

北京颐和园建筑苏式彩画

北京西苑建筑苏式彩画

北京恭王府建筑苏式彩画

沈阳故宫文溯阁苏式彩画

　　在沈阳故宫西路有一座专用作存藏《四库全书》的文溯阁，建于清乾隆时期，书阁前檐梁枋上用的也是苏式彩画，但这里中心包袱既非圆形，又不是方形，包袱的边沿用的是直角折形，包袱中绘有"白马驮书"的图画，包袱两侧在箍头和藻头位置画满了书籍，整幅彩画以蓝、白二种冷色为主，给人以宁静之感，所以从色彩到内容都符合藏书楼阁性质。文溯阁既为朝廷藏书之所，又是乾隆皇帝来故宫的读书之地，所以在彩画中心包袱两侧画了两条行龙，红色底子上各有一条青龙和一颗白色宝珠，算是表现出了这座楼阁的御用性质。

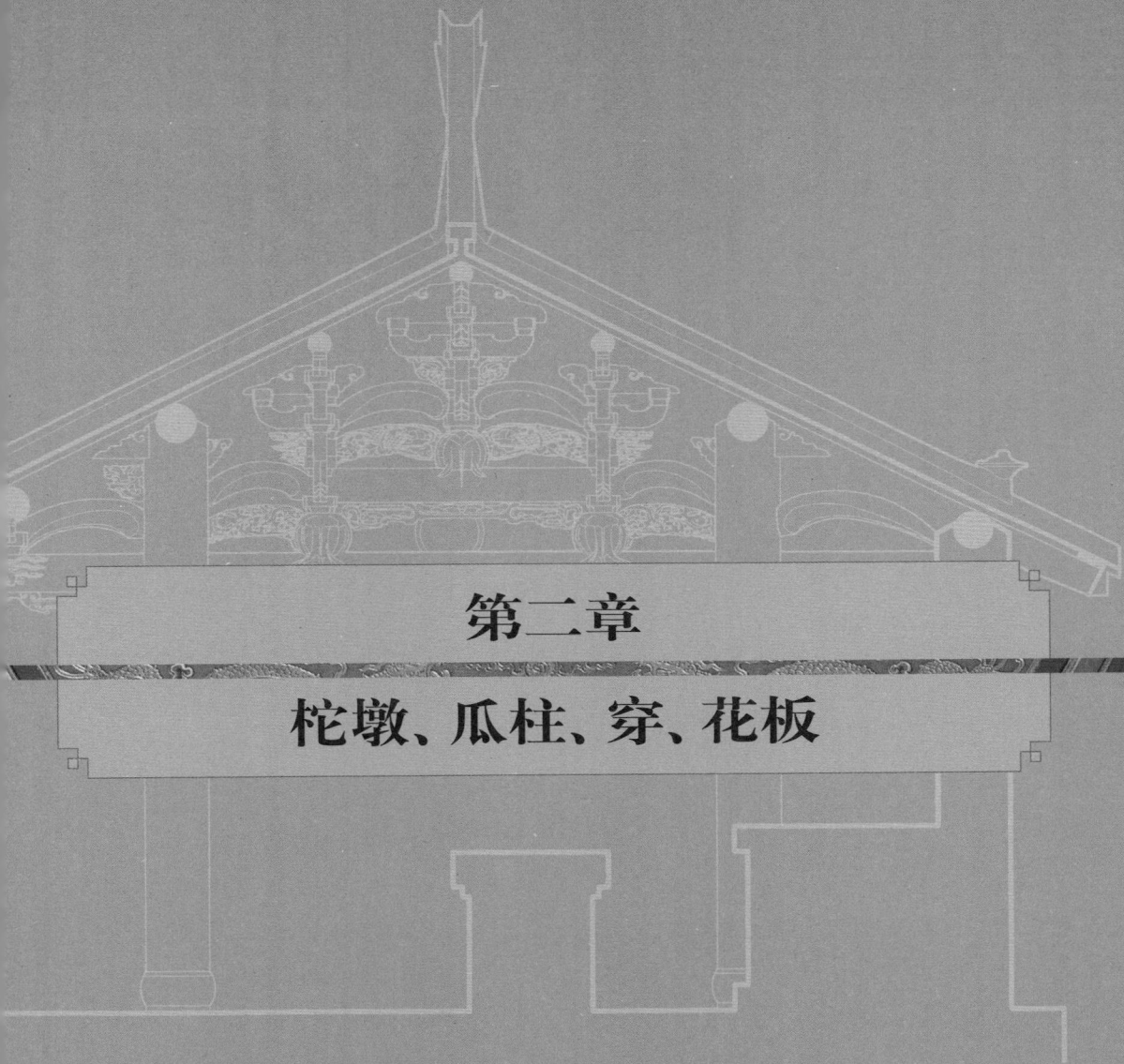

第二章

柁墩、瓜柱、穿、花板

中国古建筑的木结构主要由立柱和梁枋组成，为了构建一座利于排除风雪的斜坡屋顶，所用的梁枋需要竖向多层叠加，横向数座相联方能建构成一副完整的屋顶构架。在梁枋的多层叠加中产生了柁墩、瓜柱和穿等等小型的构件，它们具有哪些功能和什么样的形态，这就是本章要介绍的内容。

柁　墩

柁墩位于上下两层梁枋之间，它的功能是将上面的重量传到下面的梁上，它的位置如果上面梁枋短于下层梁枋则放在短梁的两端，如果上下两层梁枋等长，则放在梁枋的中段，梁枋短则只放一个，梁枋长则放两个。

柁墩从功能上讲只需要一块矩形木块，但是在上下梁枋都有装饰的情况下，工匠对这块简单的方木也多进行了装饰加工。从各地柁墩的实例看，这种加工有简单的，也有复杂的，形式多样。

广东东莞南社村是一座古老的血缘村落，村里保存着二十余座祠堂与寺庙，从这些建筑的梁架上就可以看到多种多样的柁墩。关帝庙梁架间有一种柁墩只是把方木表面刻成回纹，加工比较简单，而形象却很敦实。在多数祠堂里见到的柁墩是由上下两部分

梁枋上柁墩

梁枋上柁墩

广东东莞南社村关帝庙花墩

组成，下面是一三角形的座，座上安一座简单的斗栱承托着上面的梁枋。细看这下面三角形的墩座却有不同的雕刻处理，有用比较简单的卷草和如意纹，有的满雕着卷草纹，每座祠堂都不一样，甚至在同一座祠堂的同一座厅堂的两层梁枋上会有两种不同的柁墩。在祠堂正面的两层梁枋之间的柁墩因为面向外，所以装饰做得比较细。扁形墩木黄色回纹之间用绿色卷草纹回绕，造型简洁但很醒目。同样是扁平的墩木，左右一分为三，中央是一座凉亭，亭中放着瓶、湖石盆景等器物，凉亭左右两侧各有一只展翅飞翔的仙鹤，上有朵朵云彩，下有起伏的水浪，墩木不大，但雕刻很细致，凉亭的月梁、瓦顶、仙鹤的翅膀都刻画清晰，还有比这两处的柁墩更细的。村里家庙梁间的柁墩被雕刻成一台戏曲人物场景，文官武将，头戴正

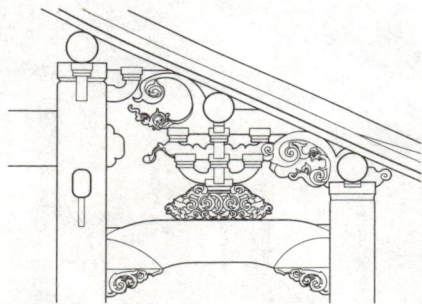

广东东莞南社村祠堂柁墩

广东东莞南社村祠堂正面梁枋上柁墩

广东东莞南社村家庙柁墩

广东东莞南社村关帝庙柁墩

冠，身着战袍，有姿有势地正在唱作，黑色台面上，金色戏装和赤色的脸面，装饰性很强。在关帝庙门厅梁枋间也有这类柁墩，在不大的墩木上雕出三开间的台面，在富有广东地方特征的石柱子之间一台才子佳人的传统戏曲正在演出，连人物的衣袖都刻画得很清楚，可见工匠之用心。这些只是在一座不大的村落里所见到的多种柁墩的形态。

在浙江建德、兰溪、武义等县的祠堂里，见到的柁墩多采取斗栱的形式。一只坐斗放在梁枋上，根据两层梁枋间不同的距离在坐斗上用多层斗栱支承在上层梁枋下，为了造型的需要，下面的坐斗不直

广东东莞南社村关帝庙柁墩

接放在梁枋上而在下面加一层基座，这层基座有的用莲花形，由四面张开的莲花瓣支托着上面的座斗，有的只是一层座，四面有雕刻装饰。这几种形式也是一座祠堂一个样，同一座祠堂上也有用两种不同形式的。

这种在坐斗下面加一层基座的做法在各地寺庙建筑里常可见到。在长期实践中，这种基座的形态越来越多样了，由矩形到三角形，由简单的直线三角形到外沿成曲线的，由于这种曲线有如骆驼的峰状脊背，所以把它们称为"驼峰"。驼峰墩的外沿曲线并无定制，样式变化自如，所以这种驼峰式的柁墩在各地得到比较广泛地使用。

浙江农村祠堂柁墩

北京紫禁城宫殿梁上柁墩

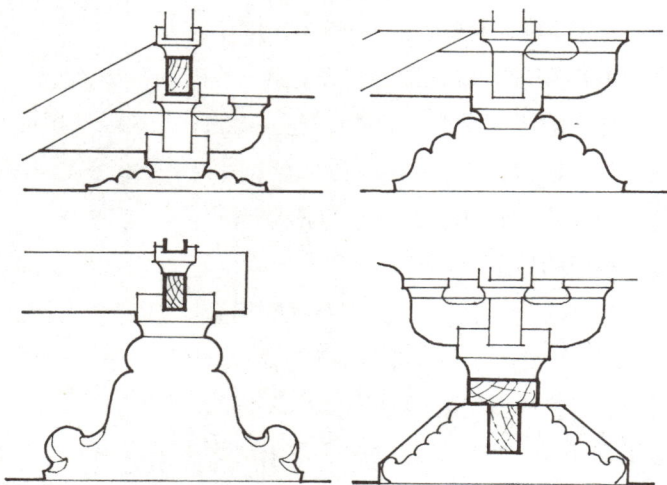

驼峰墩图

瓜　柱

　　如果两层梁枋之间的间空比较高，使柁墩之高度大于它本身的长与宽，于是方整的墩木变为直立于梁枋背上的小柱子，这就是瓜柱或称童柱，这种瓜柱也用在梁枋与屋顶的檩木之间，其高度比两层梁枋之间的空隙长。直立的瓜柱不如柁墩稳定，所以多在瓜柱两侧各加扶持木以保持稳固，这种扶持木称角背。

　　清代工部《工程作法》中规定的瓜柱和角背的形式很简单，因为清代官式建筑屋顶多有天花，屋顶梁架不暴露在外，所以柁墩、瓜柱这类的构件多不作装饰加工。南方地区寺庙、园林、住宅厅堂建筑，

瓜柱

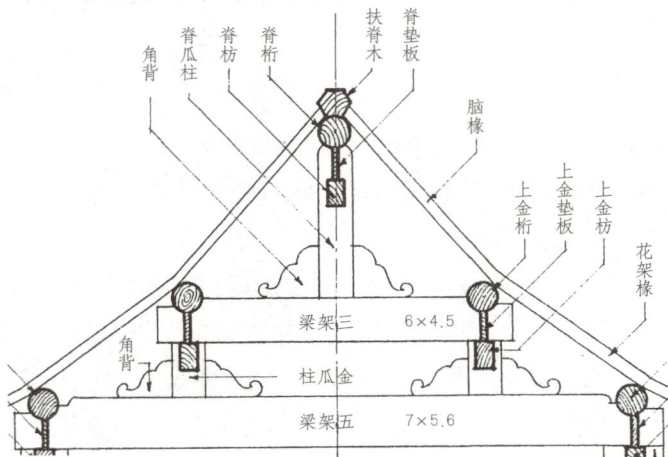

清式瓜柱与角背图

南方建筑的瓜柱

多不设天花，因此所见瓜柱多有了装饰处理，最常见的形式是下面比上面粗、立面呈梯形，瓜柱下端开口骑在梁枋上，这种虽属简单的处理，也使小瓜柱具有了美的形式。瓜柱和柁墩一样，成了工匠发挥技艺的好地方。有的瓜柱下端加一层莲花托盘，有的把瓜柱做成中间有束腰的须弥座形，有的把骑在梁上的瓜柱表面雕刻花纹，有的把瓜柱表面刻出瓜的脉棱，真像一只置于梁上的瓜果。瓜柱两侧的角背也是一样，有的只是一对简单的几何形体，有的加工为植物枝叶，更有的把角背雕成一只狮子，瓜柱插在狮子背上，相当于梁枋之间的狮子形柁墩。两根瓜柱下的两头狮或背向而伏，或相互对峙，无论是周身涂金或者是五彩的狮身，都使梁架增添了艺术表现力。

各种形式的瓜柱

狮子形角背、柁墩

穿

在房屋的一副纵向梁架上，立于地面的柱子依靠横向的梁枋相连接，但在这些立柱和梁枋上的瓜柱之间，或者瓜柱与瓜柱之间需要一种相互连接的构件，这种构件因为是穿插在两柱之间的连接木，所以称之为"穿"。穿没有承载重量的功能，所以它的尺寸比梁枋小，它的形式在各地各类建筑上也是多种多样。

福建南靖县石桥村有两座小寺庙，它们厅堂的梁枋都用平直的梁身，没有进行月梁形的加工，梁枋之间立着小瓜柱，但在瓜柱之间的穿却加工成了弯曲的月梁形，这些小型的月梁有的两头大小相等，

梁架上的穿

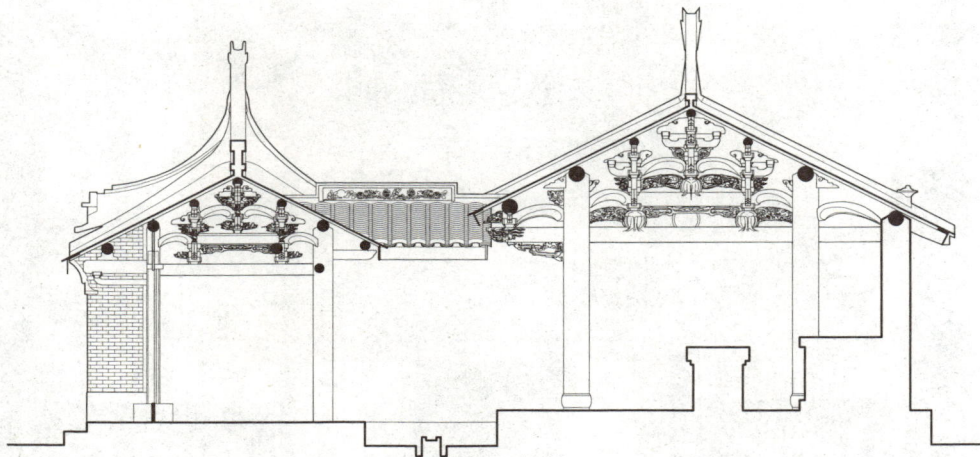

福建南靖小庙的穿

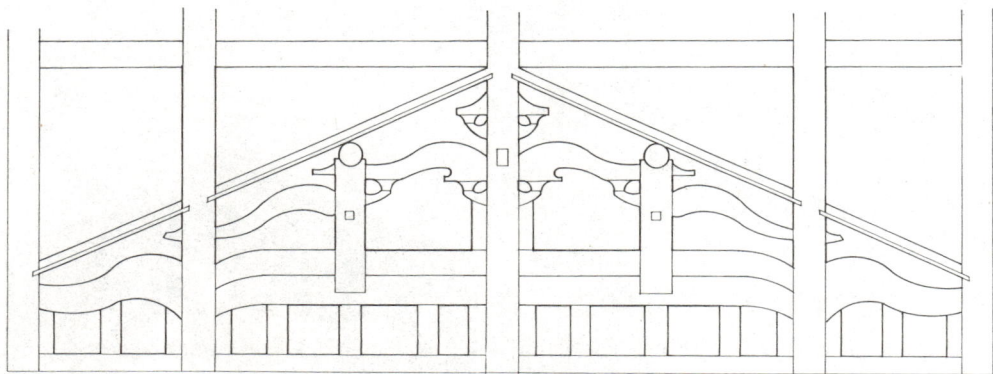

南方建筑上的穿

有的一头大一头小，大头在上，小头在下斜置于两柱之间，穿身上虽无其他雕饰，但看上去却很自然而清爽，这种类型的穿在福建一些住宅的梁架上也能看到，有的还把穿的一头做得很细，让它穿过连接的柱心，把穿的尾端露出柱外。

　　这种穿木在福建永安县的安贞堡大型住宅的梁架上有了进一步的加工，安贞堡全部木结构，立柱之间架横梁，梁上立瓜柱再安小梁层层上收至房屋脊檩，结构十分清晰，梁枋都呈平直状，柱、梁用料的尺寸也不很大，瓜柱之间的穿不用圆木而用比较厚的板材制作。这里的柱子、梁枋身上几乎没有装饰，却对穿木进行了细致的加工。简单的只把穿木做成头大尾小的曲线板材，造型简洁而自然；较复杂的是在这曲形的穿上加雕刻，把穿木做成一枝卷草；再复杂的是穿木雕刻成一副花板穿插在瓜柱之间。这类花板型的穿木有的做成弯曲的梁形，有的呈长扁形，穿板多用花叶纹组成，有的还用透雕法，使花叶的造型更加丰富。这样的穿多放在房屋端头的屋架上，因为两头有房屋山墙的扶持，屋架比较稳固，这类穿可以用较薄的板材制作，于是工匠更加发挥他们的创意，把一副副穿木雕刻成透空的花纹，在白粉墙面的衬托下，好似是贴在梁架间的剪纸，具有极强的装饰效果。

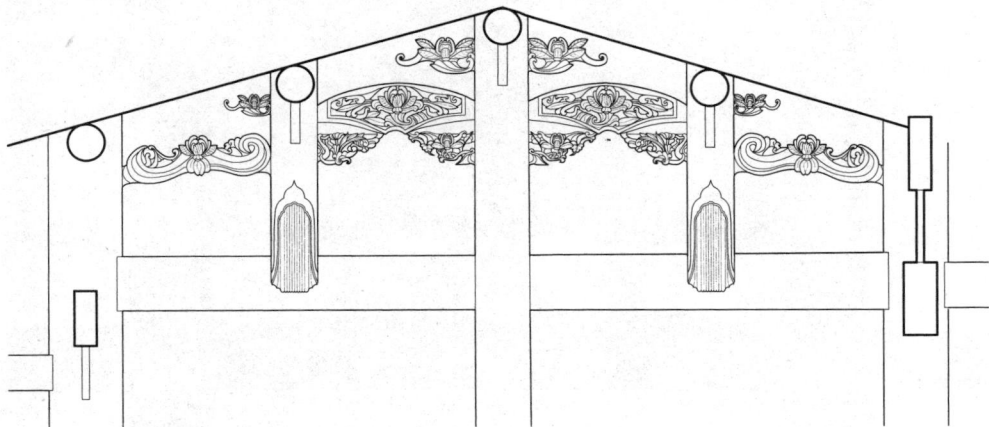

福建永安安贞堡的穿

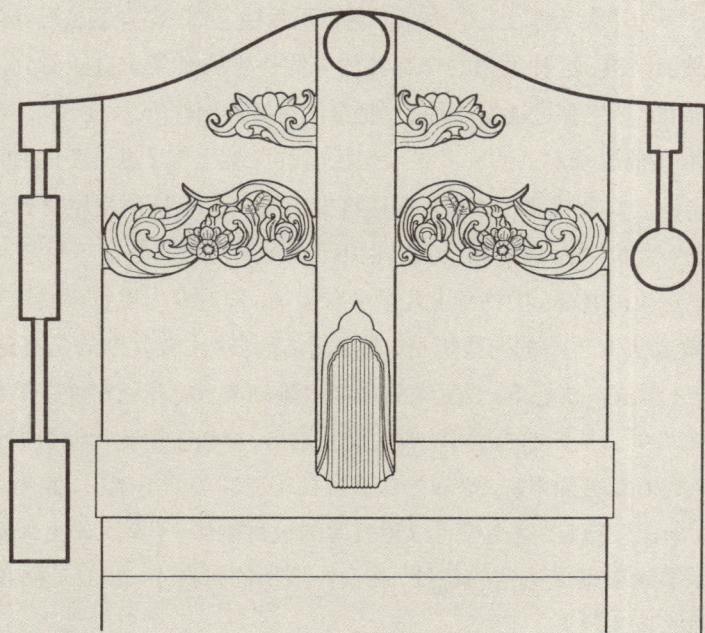

福建永安安贞堡的穿

福建永安安贞堡的穿

浙江农村祠堂的穿

浙江金华地区的祠堂和讲究的住宅里常见一种具有特殊形态的穿木。这种穿远观像直立的猫，近观有头有尾，头上还长着眼睛，当地称为"猫梁"。我们在《户牖之艺》里讲格扇门的裙板上的装饰时介绍过一种草龙与拐子龙的纹样。在封建社会，龙象征封建帝王，所以到明、清两代朝廷规定宫殿建筑之外不许在其他建筑上用龙纹作装饰。但在汉高祖自称为龙之前，龙早已成为中华民族的图腾标志了，所以尽管朝廷有禁令，仍然禁止不了民间以龙为图腾的活动。祈雨有龙王庙，节庆耍龙灯、龙舞，建筑上也一样用龙作装饰，它象征着神圣与吉祥。在远离都城的各地，寺庙、祠堂上出现了完整的龙的形象，同时工匠为了适应建筑上各种部位的需要也创造出多样龙的变体，龙头卷草身的草龙和龙头拐子纹身的拐子龙就是最常见的两种。现在梁架上出现的猫梁，有头有尾有眼，弯曲着身子，有的直立，有的横卧于柱间，将它称为猫梁，还不如视它如草龙。拐子龙为神龙的又一种变体。因为猫虽有"耄耋之年"与耄谐音而具有长寿之象征意义，但它的形象在建筑装饰里极少见到，而龙却为常见之物，这种穿木有的无头也无眼，它们蜷伏在梁上柱间，一个接着一个，好似波动的海浪，极富动态。只是它们这种弯度很大的造型都由整块木材制作，需要尺寸很大的木料，制作

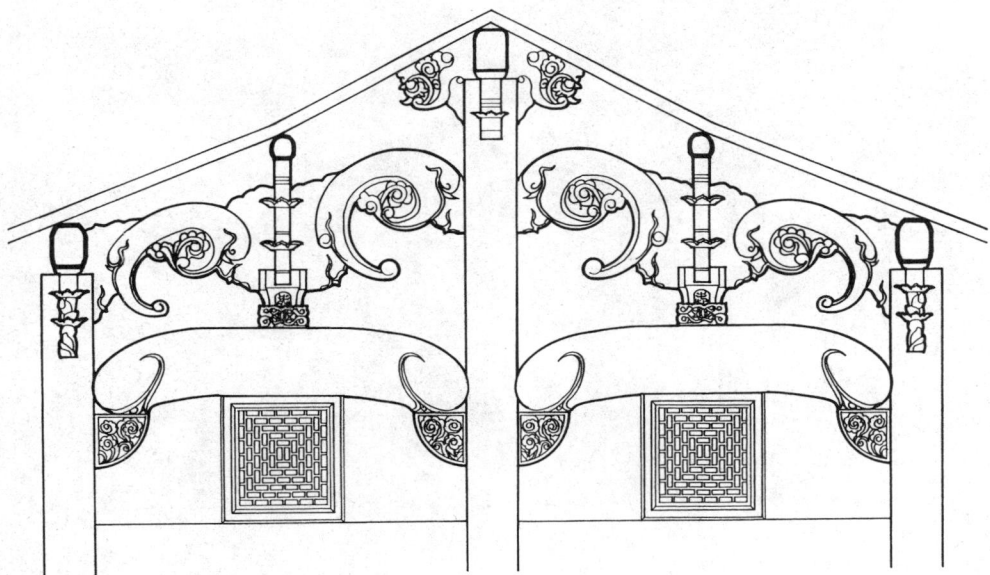

浙江农村祠堂的穿

广东东莞南社村祠堂的穿

又很费工，远不如上面介绍的福建地区房屋上的穿木那样的简便。

　　在广东东莞南社村的祠堂、庙宇里还见到一种更复杂的穿木。在屋顶的两根瓜柱之间，或者两根檩木之间用一块鱼形的穿相连接和支撑。鱼有头有尾，鱼头朝下，鱼嘴张开，鱼身弯曲，鱼尾反卷，鱼背上还长有鱼鳍，这种鱼称为鳌鱼。鳌传说为大海中的巨形龟，民间有谓"千年王八万年龟"之说，虽属夸张之言，但龟在诸生灵中确为长寿类。古代更有天神共工氏怒触不周山，天柱折，地维缺，女娲氏断鳌足以立地的四维的神话传说，所以龟很早就与龙、凤、虎共列为四种神兽之一，汉代遗存至今的房屋瓦当中就有刻着这四神兽像的瓦，可能是用在宫殿建筑的屋顶上。总之龟虽属水生动物之一种，但这海中大龟鳌确已经有神兽的名分了，现在将一种鱼称为鳌鱼自然也是赋予其神圣之意，就像常见的鲤鱼跳龙门的装饰一样，目的是想将鱼从凡物提升为神物。如果我们细观察这种鳌鱼，它的头部已经不像普通的鱼头形状而近似常见的神龙的头像了，尤其在头上长出两根长须，已经具有只有龙头才有的龙须的特征了。这种鳌常见用在建筑屋顶正脊的两端，鱼头向下，有的还张嘴叼着屋脊的顶端，鱼身倒立，具有鱼在水中能激浪降雨以消火灾的象征意义。在南社村的诸座祠堂的屋顶上都可以见到这种鳌鱼倒立

广东东莞南社村祠堂屋脊上的鳌鱼及夔纹

广东东莞南社村关帝庙的穿

在正脊两头，鱼嘴微张，两目平视，两长须挺立空中，形体不大，具有气势。有意思的是这鳌鱼竟然也钻到屋顶下的梁架上当作穿木了，南社村家庙厅堂的梁架上，在黑色的梁枋上，一条条红色带金边的鳌鱼蜷伏在檩木间，虽在屋顶暗处，其形象亦很醒目。

就在这座南社村，在几座祠堂里还见到一种很特殊的屋顶梁架，这就是用夔纹组成的梁枋。夔，在《山海经·大荒东经》中有记："有兽，状如牛，苍身而无角，一足，名曰夔。"远古时期是否真有夔兽不得而知，它的形象在古代铜器上常见到，但已经很简化和图案化了，其特征是头部不大，其身曲折拐弯形如回纹，如果夔身与龙头相结合则成夔龙，也是青铜器上常见的纹样，这些夔或者夔龙已经看不出是"状如牛，苍身而无角"之形，但仍具有作为一种神兽的神秘意义，尤其与神龙一结合更增添了它的神圣性。广东地区的粤人自古崇蛇，以蛇、龙为图腾，所以当地喜欢用这种夔龙纹作装饰并非偶然。夔纹在这里常见用于祠堂、寺庙的屋脊上，它的位置多在屋顶正脊的两端，因为夔纹形态自由，可长可短，可高可低，所以有的夔纹成了正脊两端的吻兽。上面说的鳌鱼即倒立在这些夔纹的上面共同组成屋顶两端的重点装饰,现在夔纹和鳌鱼一样,从屋顶移到屋顶下的梁架上去了,而且它还不是用于局部的柁墩、穿木,而是组成为整副梁架。南社村家庙的厅堂,在横跨房屋前后立柱的大梁上完全用夔纹的上下重叠构成三角形的屋架,在这里看不见多层的梁枋和梁枋间的柁墩,也看不见梁枋背上的瓜柱、角背和柱间的穿了,屋顶的檩木直接落在夔纹构架之上,夔纹在这里充分发挥了自身造型自由的长处,黑色立柱,大梁上的夔纹也全部用黑色,金色或者黄色的边沿线把这副梁架打扮得也极富装饰性。

夔及夔龙纹样

广东东莞南社村祠堂的夔纹屋架

花　板

　　在上面讲到梁架上的柁墩时，可以见到在上下两层梁枋之间的柁墩两侧都是空挡，但是当这种梁枋是在建筑正面檐柱以上的位置时，因为它面向外，地位显著，所以在柁墩两侧的空挡里都用了雕花构件填充。最常见的就是在寺庙、祠堂的厅堂正面骑门梁上的这类装饰。例如浙江建德新叶村崇仁堂和文昌阁的骑门梁，在这根大梁与上面的枋子之间的空挡里，在几块柁墩之间都有木雕构件作装饰，构件雕成当地梁上那种作为穿木的"猫梁"形和植物花叶组成的团花，在其他地区的这类骑门梁上，这种木雕构件多相联而成了一块雕花的木板，它比单体的木雕构件既节约材料又在造型上更有整体感。这种雕花木板即称"花板"。花板多用在梁枋之间的空挡里，所以它没有结构上的功能，纯粹是一种装饰性构件。正因为如此，这种花板所在的位置不仅限于在梁枋之间还被应用到其他的部位。

浙江建德新叶村文昌阁骑门梁上花板

福建南靖石桥村的水屋庵正厅的梁架上，平直的梁枋，月梁形的穿木，瓜形的柁墩，除此之外，工匠还在每一根穿木和小梁之下附加了一块雕花板，花板两面都雕着植物花叶，它们大大增添了梁架的艺术表现力，这种花板在福建的其他寺庙中也能见到，有的还将穿木、柁墩、花板都敷以色彩，使整座梁架变成了五彩缤纷的木雕艺术品。

浙江建德新叶村崇仁堂门上花板

福建石桥村水尾庵梁上花板

福建寺庙梁上彩色花板

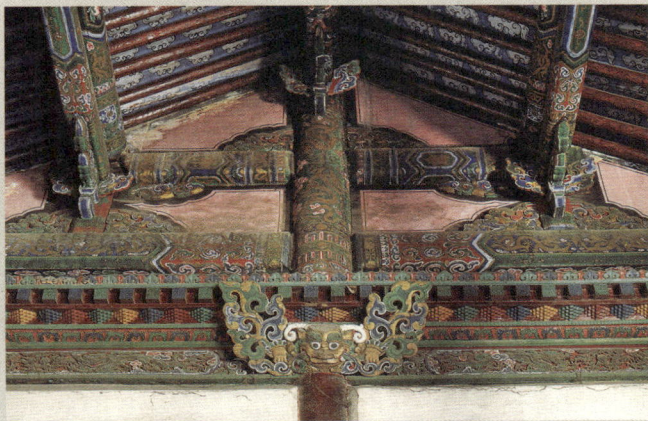

柱上梁头花板

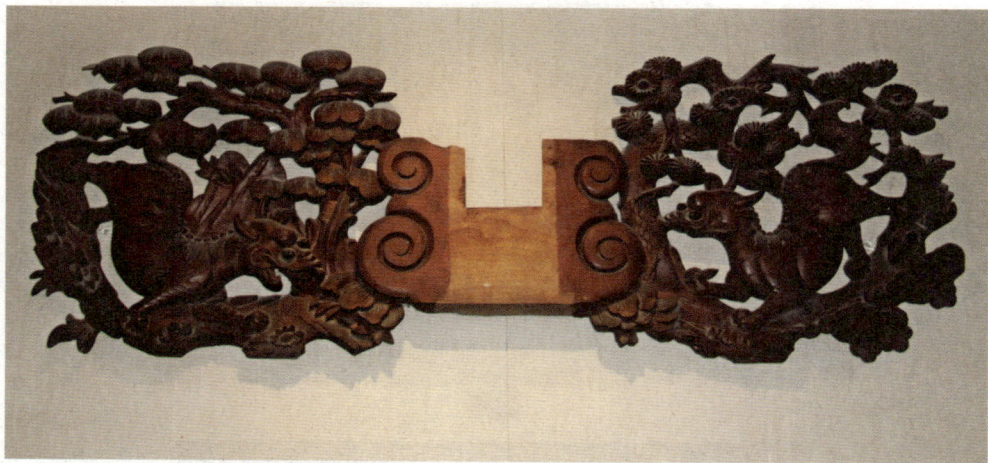

斗栱上花板

　　这种花板还用作局部的装饰挡板，例如在房屋的檐柱上，有的会露出纵向梁枋的出头，在出头处安一块大小合宜的雕花板，它们和梁柱间的雀替、花牙子一起成为房屋正面的装饰物。有些在屋檐下，或在室内天花藻井四周的斗栱上。为了美化斗栱的造型，有的在小斗前面附加一块花板，小小的花板上雕着花卉、喜鹊、宝瓶、花篮，远观近视都很有情趣。

　　用得多的是附在梁枋以下的花板，这种花板依附在房屋正面的梁枋以下，所以它与梁枋同长，但它仍不起结构作用只具有装饰效果。山西襄汾县丁村是一座古老的血缘村落，至今留下了不少讲究的古老住宅，为了显示宅主的财势，多喜欢在正面开间的大梁下附加一长条花板作装饰，花板多以回纹或卷草纹、万字纹作底，再在上面雕出主题纹样。其内容有双龙戏珠、蝙蝠展翅、喜鹊梅花、梅花鹿、宝瓶、香炉等博古器物以及人物和"寿"、"喜"文字，这些题材所具有的神圣、吉祥、寿喜、博古通今等象征意义都显示出宅主的人生理念。这类花板多采用在木板上进行多层次深雕的手法，有的也有局部的镂空透雕，它们放在房屋正面的梁枋之下，自然有很大的装饰性。

斗栱上花板

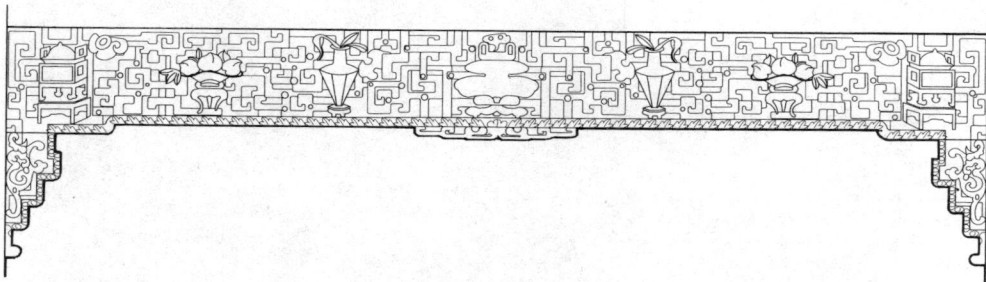

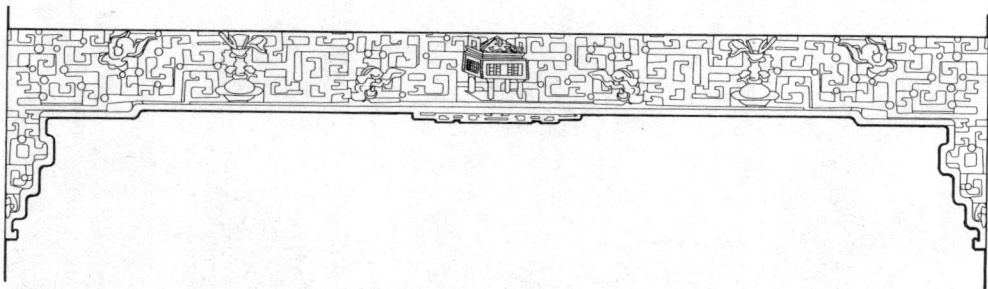

山西襄汾丁村住宅梁下花板

山西襄汾丁村住宅梁下花板

江南地区房屋正面梁枋下的花板在风格上与北方的不同，安徽黟县关麓村有多座讲究的老住宅，它们在厅堂的正面梁枋下也多附有花板装饰，这里的长条花板不是一块厚实的雕花木板而是由木棂条组成的透空花板，多数是用回纹组成整齐的格网，在格纹的空隙中加雕花，其内容有蝙蝠、花朵、寿桃，也有雕成道家八仙的宝剑、花篮、尺板、竹笛等八件器物。当然也有只是富有变化的格纹而不加其他雕饰的花板。这种透空的花板和南方建筑的风格相协调，显得比较轻盈活泼。

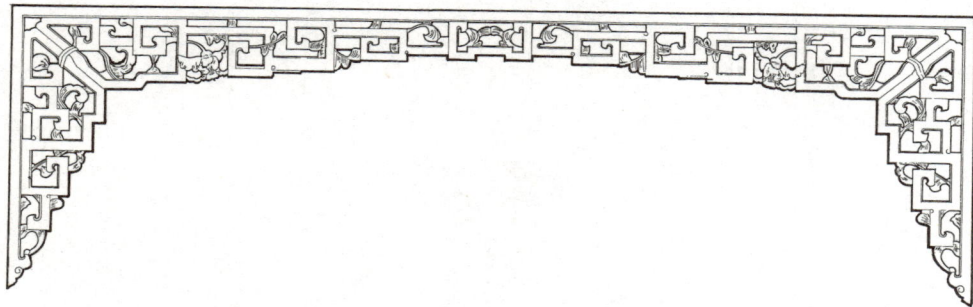

　安徽农村住宅梁下花板

在广东东莞南社村的祠堂，住宅上这种花板被用到厅堂的屋檐上去了。一条条长的木板被钉在屋檐下成排的椽子头上，它的功能是可以封住屋檐口，对木椽子起到避免日晒雨淋的保护作用，所以称为"封檐板"，工匠在这条封檐板上满雕花纹而成为了一块富有装饰性的花板。这里的花板和房屋厅堂的总面宽同长，所以在长条花板上的装饰多横向分作若干部分，一部分一个内容，相联而成整体。村里谢氏大宗祠是谢氏宗族的总祠堂，在全村二十余座祠堂中规模最大，装修也最讲究，宗祠门厅面阔9米余，屋檐下有一块贯通三开间的长条花板，板上雕饰分为11部分，自左至右分别雕的是花鸟、人物、禽兽、牡丹、翠竹、戏曲场景、梅花喜鹊、花鸟、禽兽、人物、兰草雀鸟，每一幅都构图匀称，独立成章，贯穿在花板下沿的是一长条雕花边饰。这类花板多敷以色彩，所以虽然高居屋檐下，在地面不易看清其细部，但总体上仍具有很好的装饰效果。

广东东莞南社村大宗祠屋檐下花板图

安徽农村住宅梁下花板

广东东莞南社村建筑屋檐下花板

第三章

天花、藻井与檩、椽

檩木、椽木是屋顶构架最上面的两种构件，天花、藻井是屋顶最下面的构件，现在将它们放在一章里分别介绍。

檩与椽

檩木横向架设在梁枋上，由屋脊至檐口，等距离地放置，它的功能一是把纵向的多副梁枋横向连在一起构成房屋屋顶的框架，二是承托上面的椽木。

椽木纵向铺设在檩木之上，因为在上面要承受屋面的重量，所以排列比较密集，中国古代木结构的屋面多呈扁曲的曲面，所以椽木都不长，两根檩木之间搭一根椽木，分段铺设，以便在椽木上的瓦面能够形成一个曲面。

檩、椽都位于屋顶框架的最上面，光线又暗，所以大多数都不作装饰，在一些园林

南方园林厅堂室内屋顶

南方建筑檐廊顶棚

安徽歙县宝纶阁檩木彩画

的厅堂里，见到椽木、檩木整齐地排列在梁枋之上，棕色或黑色的檩和椽，上面铺设着一层灰色的屋顶望砖，看上去很清爽，具有一种简洁的形式之美。安徽歙县罗氏宗祠宝纶阁是祠堂中很主要的厅堂，仰望屋顶，在一根根檩木上都绘有与梁枋上同样的彩画，一幅方形包袱居中，向上裹着檩木，包袱上绘有由小团花组成的锦纹。在一些厅堂檐廊或住宅围廊的梁架上，因为高度比较低，位置也显要，所以梁枋上多有雕饰，这里的檩木也相应地做了装饰，在檩木的底部或绘或雕以卷草、回纹，有的还涂以金色，十分醒目。在比较大型的殿堂里，由于建筑开间大，为了架设在开间梁枋上的檩木不致弯曲变形，多在檩木之下附加一条枋木，二者之间有垫板，成为由檩、垫、枋组合的复式檩木，例如沈阳故宫崇政殿的梁架上就是这种檩木。在这样的檩木上绘彩画，有的是在檩、垫、枋上分别彩绘，各有各的枋心与箍头，也有的将檩、垫、枋作为一个整体，在上面铺设一个大的包袱布从下往上包裹住整个檩木，再在包袱内外绘制多种花饰。正是这些经过了装饰的檩木和梁枋组合在一起，构成了崇政殿内五彩缤纷十分华丽的空间。

在中国木结构房屋的施工中，先在地面上立柱子，再在柱子上架梁枋，然后在梁枋上安设檩木与椽木。其中檩木的安设

房屋檐廊、围廊檩木装饰

很重要，尤其是安设位于最顶端的那根脊檩，它关系到每一副梁枋是否垂直，是否能将屋顶的重量均匀地经过立柱传递到地面，也就是说关系到房屋整体的安全，俗话说"上梁不正下梁歪"，这里说的上梁就是这根脊檩，正说明了它的重要性。脊檩安完，房屋木结构部分完成，脊檩安好，房屋的坚固与安全得到保证，因此在城乡各地，对安设脊檩都十分重视，在这里举一个在福建永安市槐南乡地区建造住房安装脊檩的例子。房屋木结构的脊檩在当地称为正栋梁，为了加强这根位于

顶端梁的坚固性，在梁下又加了一根梁，因为在它的底部雕有花纹，所以称为花梁。安装这副正栋梁与花梁，在这里有一套隆重的礼仪：当两根梁制作完毕，花梁雕刻完成后把它们存放在老房子的堂屋里，然后请风水先生选择吉日良辰举行上梁礼仪，并请亲朋好友参加。礼仪可分为五个步骤：第一步为"接梁"，在花梁两侧贴"安装""大吉"四个字，梁两头系红绸布，梁上盖红绸布，由宅主人的舅舅主持，带领青年在鞭炮声中把两根梁分别抬送到新建房的中心堂屋里放好。第二步为"揭红绸"，吉时到，再放鞭炮，宅主舅舅口中唱道"千里来龙绘此真，收起红绸代代兴。左边收起财丁贵，右边收起置田庄，收起梁中同发福，房房发发五代孙"，边唱边揭起花梁上红绸布，收叠整齐给宅主。第三步为"封七宝"，即预先在花梁顶面的中央部位开凿出长约1米的凹槽，此时宅主人把象征吉祥富贵的米、豆、红绸、麻布、棉线、铜钱、灶灰这些有关吃、穿、用的七件宝物放入凹槽，并把公鸡的鸡冠割破，鸡血滴在七宝之上，拜三拜之后，由木工师傅用长条木板封槽口，用木销钉牢，称为"封仓"。宅主舅舅在封仓过程中唱："二封七宝定梁心，吉星畅福到来临。荫佑宅主家豪富，子孙代代发万金。"第四步为"上花梁"，用布带绑在花梁两端，年轻木匠分两头登上木梯用布带把花梁由地面提至脊柱顶端，此时主

房屋檐廊、围廊檩木装饰

持建房的大木匠由木梯登上屋脊处把花梁两头端端正正地落入脊柱的榫中，边做边唱吉语。第五步为"唱批布"，实际是上正栋梁，待花梁安装好，两位小木匠将正梁送到屋脊，由上面的木匠把正栋梁安在脊柱顶端，然后接过由地面送上来的三匹布和三小袋谷子，把三匹布的布头用谷子分别压在正栋梁的正中和两端，把布匹松开，长长的布匹一下子由梁上直落地面，此时鞭炮声响，参加礼仪的宾主齐唱："一段青布盖栋梁，子孙兴旺满华堂。添子添孙添富贵，进财进宝进人丁。"这就是唱批布。五道步骤完毕后，木匠由梯子走下，宅主向他们敬茶送红包，向小孩子撒糖果，鞭炮声再次响起，满地红鞭纸，满堂欢笑声，最后宅主宴请工匠、亲友，主持礼仪的宅主舅舅当然坐首席，其左为亲戚，其右为领头的瓦、泥、水工匠。因为木结构主要是木工活，所以一般木匠设有专席，称为"鲁班桌"。鲁班为春秋时鲁国著名的木工巧匠，技艺高超，传说木工的一些工具皆由他创造，善于解决一些疑难技术问题，后世奉他为木匠师傅的祖师爷。宴席上要有整鸡、猪肝与猪肉。

我们从以上的礼仪中可以看到，从梁上披盖红绸布到埋藏七宝，从燃放鞭炮到口唱吉语，总之从形式到内容都包涵着求吉祥、求财富的共同内容。这类上正梁的礼仪不

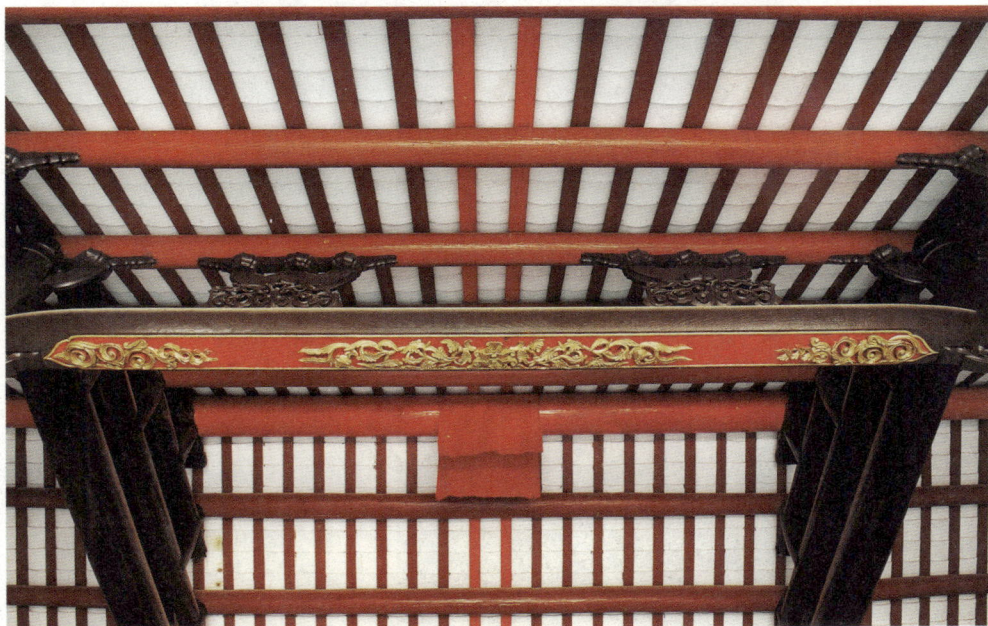

广东东莞南社村祠堂红色脊檩

广东东莞南社村祠堂脊檩红布装饰

仅在福建，在其他地区也能见到，只是内容各具特征，形式有简有繁。广东东莞南社村有众多的祠堂，在它们的主要厅堂里都可以看到在屋顶成排的棕色檩木中，特别把顶端的脊檩油成大红色，在檩木上铺设的椽木中也把居中的两行漆为红色，并把这里称为"龙口"，而且在这里特别不用铁钉，以免伤了龙口。在脊檩上挂红布，与福建地区不同的是上梁时不把红布取下，而是让它常挂檩上并称为龙舌头。红布上还挂着圆镜子作为照妖镜。檩木上挂着箩筛，因其具有密布的小眼而能发现并阻挡妖魔的侵犯。挂的小红包，里面包着大米、红豆、绿豆、谷子、花生，象征五谷丰收。挂柑橘、贴红福条以象征大吉大福，一根简单的脊檩不但在房屋结构上起着重要的作用，同时经过包装又寄托了百姓各种祈望，这些在檩木上的附加物虽然都不是房屋的构件，但它们已经成为与房屋不可分割的一种装饰了。

除了在脊檩上注意装饰之

外, 有的厅堂还在檐檩上加装饰。檐檩位于屋檐下, 它是一排檩木最下面的一根, 也是最接近人视线的一根, 所以常在这根檩木的底面加以装饰, 能更加突出厅堂的重要性。这里的装饰有两种做法: 一是直接在檩木上进行雕刻、彩绘, 另一种是把装饰花纹雕在一长条木板上, 然后将长条雕花木板钉在檩木底面。浙江武义郭洞村新屋里住宅楼上厅堂的檐檩上就是这种做法, 钉在檐檩底面的木板上雕着花树和鸟雀, 有的展翅飞翔, 有的伫立对语, 组成一条宽仅0.2米, 长达3.1米的雕花板。

浙江武义郭洞村住宅檐檩雕花板

檐椽装饰

　　椽木位置在屋顶结构的最高处，距离人的视线最远，所以很少在椽木上加装饰。但椽木的最下一段即在屋檐下的椽木称为"檐椽"却离地面比较近，而且又在室外，光照强能看得清，所以这部分檐椽多加有装饰。古代文献记载：汉代皇宫建筑十分讲究，屋檐上能看到"华榱璧珰"，榱即椽木的古称，"华榱"表明椽木上已经有华丽的装饰。珰为瓦当，这里将华榱与璧珰联在一起，说明人们看到的是椽木顶端的装饰，因为椽木头朝外，紧靠在瓦当的下面，十分显著地展示在人们眼前。今天见的不少建筑在檐椽顶端多有一些装饰。在比较讲究的殿堂上，上一层的飞椽头上画"卍"字，下层檐椽头上用单色退晕图案。退晕是中国彩画中常用的一种着色方式，它是把一种颜色分为深浅几个级别，由深到浅，从而使平面的图形具有立体的透视感。在园林建筑的檐椽上则喜用花朵纹样。在宫殿建筑上多在飞椽头上画"卍"字，檐椽头上画"寿"字。这些经过装饰的椽木头与有雕刻的瓦当组合成的"华榱璧珰"，共同形成为一道彩色边带围绕在屋顶的四周。

园林建筑椽头装饰

宫殿椽头装饰

　　北京紫禁城太和殿、乾清宫、皇极殿等主要殿堂的檐椽更是做了重点装饰。这里的飞椽与檐椽不仅在顶端分别绘制了"卐"字纹与"寿"字纹，而且在方形飞椽的底面和圆形檐椽的周身画满了卷草和团花，深绿色的椽木身上全部用金色描绘花纹，密集成排的椽木紧贴在红色望板下，金光灿烂，它们与屋檐下的红色门窗组合在一起显示出宫殿建筑华丽辉煌的色彩特征。尤其在殿堂屋檐的四角，这里有从角柱上伸出的两层角梁，在角梁的底面分别绘有金色的龙纹和蝉肚纹。整齐的椽木呈放射状排列在角梁两侧，它们好似飞鸟展开两翼，直冲苍天，一幅古人称之为"飞檐翼角"的画面展现得如此精彩。

北京紫禁城太和殿橡木彩画

太和殿的飞檐翼角

在云南剑川祝圣寺的钟楼、鼓楼的檐椽上还见到一种装饰：它不是直接在两层椽木头上绘制纹饰而是在一条长形木板上绘制花纹，然后将木板钉在两层椽木的头上，成排的一个个椽木头看不见了，见到的是屋檐下的两道花板。这种装饰方法在前面介绍的广东东莞南社村的祠堂上也见到过，也是在屋檐下的椽木头上钉一长条花板，不过那里的花板是一条比较宽的木板，板上用的是雕刻装饰，完全遮挡了屋檐下的结构。而这里是用两条窄木板分别钉装在两层椽木头上，从总体上还保持了屋檐下有两层椽木的形式。

云南祝圣寺鼓楼屋檐板

博风板

　　博风板是和房屋檩木相关联的一种构件，所以放在这里一并介绍。在悬山和歇山两种形式的屋顶构架中，位于房屋左右两端尽头开间的檩木朝外的一头伸出于山墙之外，为了防止这些檩木受到风吹、日晒、雨淋而遭损坏，需要对它们进行保护。在农村的一般房屋上，多在这些檩木头上挂一块瓦片作为防护；讲究一些的房屋，则在这些檩木头上钉一长条木板把它们封在板内，这块木板即称"博风板"，它随着上下排列的檩木组成人字形显露在房屋两头的山墙上端。人字形的博风板，由左右两块长条板组成，在上端的接缝处多钉有一条木板，它的作用是可以加强两块博风板的连接，名为"垂

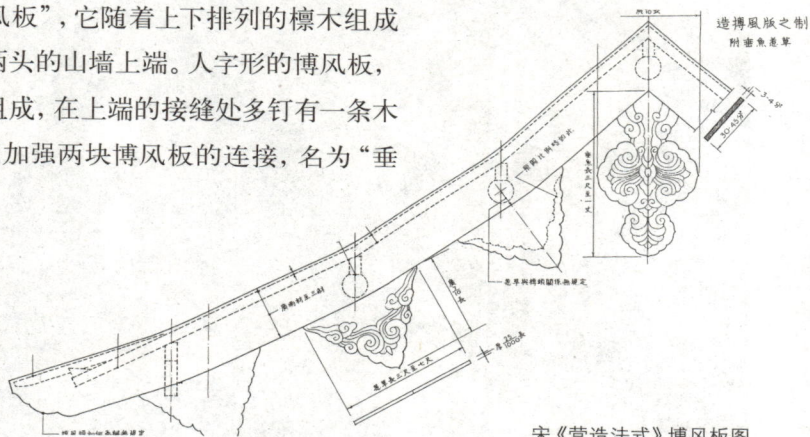

宋《营造法式》博风板图

　云南丽江住宅的博风板

云南丽江住宅的博风板

云南傣族佛寺大殿博风板

南方佛寺大殿博风板

鱼"或"悬鱼"。在博风板与檩木头相接处，为了更加牢固，也钉了一块不大的木板，称"惹草"。宋代《营造法式》中对博风板的形制有明确的规定，例如根据建筑的大小，博风板上的垂鱼长3尺至1丈，惹草长3尺至7尺。博风板与其他房屋上的构件一样，在工匠制作的过程中都进行了美化加工。博风板接缝处的木条，既名为垂鱼，则顾名思义，它应该是外形如一条悬垂在半空中的鱼形板。但在《营造法式》中却说垂鱼或惹草的形式为花瓣纹或者云纹，在建筑上垂鱼的众多实例中，尽管也真有如一条鱼形的，但绝大多数皆非鱼形。云南丽江地区的住宅多用悬山屋

南方佛寺大殿博风板

门屋博风板

顶，坡度平缓，两块博风板接缝处都钉了一条"垂鱼"，但大多数都是造型修长的几何形体，一幢房屋一个样，很少有雷同的。在云南西双版纳傣族的佛寺中，硕大的屋顶也都有这样的博风板，板的宽度多不大，接缝处的垂鱼也呈修长条状，由镂空的雕花木板制成。在江南地区的一些佛寺大殿上，这种博风板有的很宽，它是由小条形木板横向拼合而成，之间的垂鱼反倒比较小。在实例中也见到博风板不宽而垂鱼很大者，这样的垂鱼后面加了一条木棍把它与博风板连在一起，于是在这条细木棍上又加了两处小木雕装饰。

门屋博风板

博风板垂鱼

再看惹草。除了《营造法式》上说的花瓣和云纹外，还有把它们雕刻成石榴和桃形的。石榴剥去一点皮，露出丰实的石榴子，更显著其多子多孙的象征意义；带着枝叶的桃自然寓意着长寿。除了垂鱼和惹草之外，博风板本身也有装饰性的加工，主要表现在博风板的两头。简单的为曲线形、花瓣形，复杂的变成一个龙头雕刻了。更有甚者，在一座不大的门屋上，悬山屋顶同一块博风板的左右两端，一为草叶形，一为草龙状，院墙两边互不相同。一副保护檩木头的博风板，有了垂鱼、惹草、博风头这些装饰，也变得十分有情趣了。

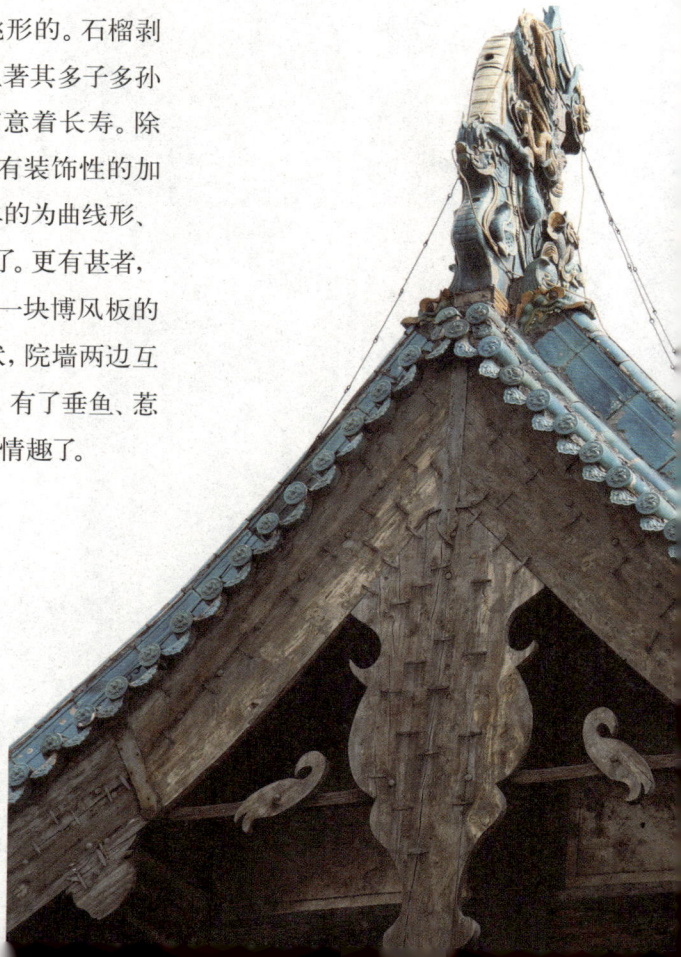

博风板垂鱼

博风板惹草

　博风板惹草

天　花

　　天花是设在屋顶构架下面的构件，它满铺在屋顶梁架之下，与四周墙壁围合成房屋室内的空间。天花的功能：一是遮挡住屋顶梁架上的尘土散落，所以又称为"承尘"；二是它与屋顶梁架形成一个封闭的空间，可以起到室内的保温作用；三是具有装饰性。

　　早期建筑由于遗存至今的很少，所以天花的形式很难见到。在山西大同的北魏时期石窟中可以看到雕在窟顶上的方格形的天花在每一块方格上还雕刻有飞天、莲花的装饰。在宋代《营造法式》中已经把天花列入"小木作制度"，它与门、窗、栏杆等都属于房屋装修的一类，并且将天花分为"平闇"与"平棊"两种类型，"以方椽施版，谓之平闇，以平版贴华，谓之平棊"。(见《营造法式·总释下》：平棊条)这两类天花在唐、宋以来的建筑中都能见到。

一、天花的形式

　　平闇：宋《营造法式》中所说，平闇的做法是"以方椽施版"，就是用方形椽木相交组成小方格，在上面盖木板即成天花。山西五台山佛光寺大殿和天津蓟县独乐寺观音

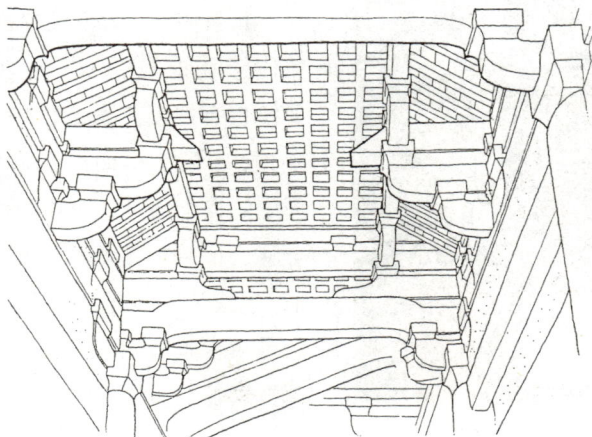

山西五台佛光寺大殿平闇天花　　　　123

房屋平棊天花

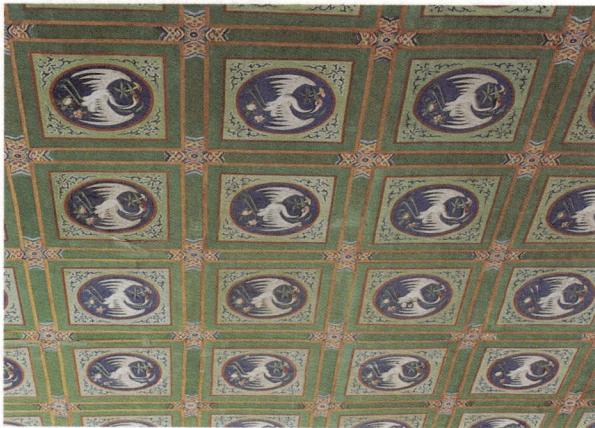

房屋海墁式天花

房屋檐廊天花

阁上层的天花都是这种天花。但是在明、清时期的建筑上很少见到这种平闇形式。

平棊：用木条交叉组成方格，再在木格上盖木板，铺设为成片的天花，即成平棊，它与平闇在外观形式上的区别就在于方格大小之不同，平闇为小方格，平棊为大方格，它形同"井"字，所以又称井字天花。这种平棊被广泛用于宫殿、寺庙、陵墓等类建筑的室内。

海墁天花：用大小木槏条组成天花骨架，在骨架外满钉木板或者糊纸，不露出木条方格，这种作法称海墁天花。在住宅中，房屋的梁枋下多用竹材或秫秸绑扎成顶棚支架，再在上面裱糊以纸，这种做法称为软天花。

特殊形式：大多数建筑的室内皆用平顶式天花，但少量建筑也有把天花做成中央部分平顶，四周呈斜面者。在一些厅堂的檐廊顶上或者在檐柱与金柱之间的屋顶做成圆弧、蜷蝈、折线等形状者，它们的做法都是用木条做槏，在槏木上盖木板构成不同形式的天花。

二、天花的装饰

在唐代佛光寺大殿和辽代独乐寺观音阁楼层上所见的平棊天花未见有彩绘和雕刻装饰,但它们由木槾条组成的小格网整齐地铺设在顶上也具有一种有秩序的形式美。

平棊天花装饰　在大多数建筑的平棊天花上都用彩绘作装饰。其中最讲究的当属北京紫禁城主要殿堂如太和殿、乾清宫的天花装饰。这类井字天花显露在外表的是十字交叉的支条和置放在支条上的方形天花板。装饰集中在天花板上,中央部分是圆形的团花,称"圆光"。因为龙是封建帝王的象征,所以在这些宫殿的天花团花里都画有一条龙,在圆形画框内一条金龙盘坐居中,龙头正面朝外,故称团龙或坐龙。在天花板的四角称"岔角",用云纹作装饰。在支条上的装饰则集中在十字交叉点上。为了支条的牢固,需要用销钉由交叉点钉到支条上方的小木梁上,这种销钉的钉子头就成了支条装饰的中心。钉头四周画以莲瓣,就成了莲花团心,在它的四面又用如意纹装饰,一条如意纹,居中一分为二分置左右,形同飞燕之尾,故称"燕尾"纹。这种以龙为主要装饰的井口天花称"龙井"天花。龙井天花的色彩配置与宫殿外檐的和玺彩画相似,即总体上以青、绿色为主调,其间的龙纹

北京紫禁城宫殿井字天花

着金色，其他花纹皆以金色勾边。我们在宫殿中经常见到的是绿色的支条，中心交叉点装饰着金色的莲瓣团花和蓝底金边的如意纹；蓝色天花板中心是端坐着的金龙；四个岔角上有蓝、绿、红相间并用金色勾边的云纹；在支条和天花板四周也皆用金色的边沿；它们的总体效果是在冷色调中不失华丽。

　　但是在园林中厅堂建筑的天花却不用龙作装饰。紫禁城御花园有一座浮碧亭，一面临水，四周柱间设坐凳，是一座休息观景的亭榭，这里的井字天花板上画的全部为植物花朵与枝叶，中央圆光部分是深蓝色底子上绘白色花朵，在每一块天花板上，圆光中的花朵不仅花种不同，连构图也不相同。圆光外的四个岔角上也是浅绿色底子上绘白花，四个岔角各不相同，有的还用大小不等的花朵散置在圆光四周，构图自由而活泼。这里的天花支条却用红色锦纹作装饰，十字交叉点上有金色的销钉头，四面有红色的燕尾纹。这红色的支条十分醒目，所以尽管每一块天花板上绘制着不同的花卉，但总体上仍保持着很规则的图案效果。北京颐和园是一座皇家园林，尽管园中也有宏伟的宫殿与寺庙，

紫禁城浮碧亭天花

北京颐和园景福阁天花

但大多数的亭台楼阁仍保持园林建筑比较活泼的风格。园中万寿山东部的景福阁是一处登高观景的景点，阁前有抱厦，这里的井字天花和浮碧亭的天花一样，全部用植物的花朵作装饰，但不同的是这些在圆光中的花朵有白有红有粉，色彩艳丽，而四个岔角却用统一形式的云纹作装饰。这里的支条用绿色，十字交叉点却用红色燕尾纹。所以天花和四周的梁枋具有同样的风格，都是在青、绿色的底子上描绘着彩色的动、植物装饰，它们没有宫殿建筑大红大金那样的辉煌，但在平和中又不失皇家园林的华丽。

紫禁城乐寿堂木雕天花

紫禁城古华轩木雕天花

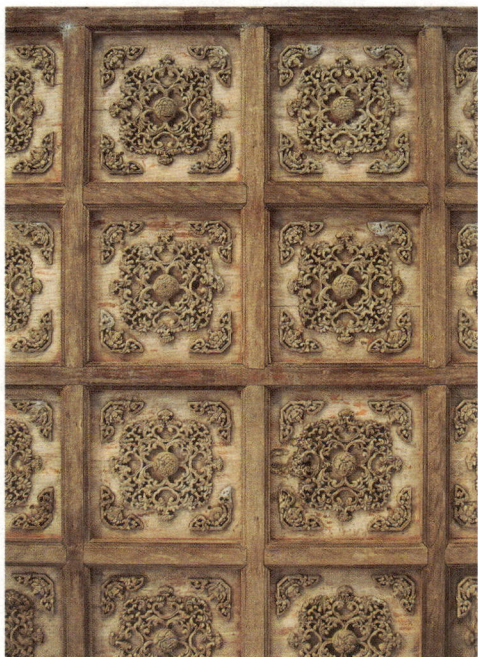

紫禁城古华轩木雕天花

平棊天花最讲究的是用雕刻作装饰，紫禁城宁寿宫的乐寿堂室内天花的每一块天花板上，都满布由卷草纹组成的木雕花纹，为了显露它的装饰效果，所以用高浮雕技法，使这些卷草具有比较明显的立体感。在宁寿宫花园的古华轩天花上也全部用木雕装饰，但雕花布局与乐寿堂不同，天花板中央用卷草纹组成的方形团花，四个岔角配以花饰。在河北易县清西陵慕陵隆恩殿中也用的是这种木雕天花，全部用楠木制造，每一块天花板上都雕着一条在祥云中端坐的龙，龙头居中，向前突出于天花板达30厘米，可见雕功之精细。这类木雕天花不但需用优质木材，而且费工费时，非帝王宫殿、陵寝，别处很难见到。紫禁城宁寿宫为清乾隆皇帝为他年老退位之后当太上皇时使用而修建的宫室，乐寿堂为建筑群后面的寝宫，古华轩是宁寿宫内园林部分的一座轩室，所以天花尽管都用了讲究的木雕，但都没有用龙作装饰。而慕陵是清宣宗道光皇帝的陵墓，因宣宗在位时正值中英鸦片战争失败，赔款割地，丧权辱国。他特别将其陵墓的主殿隆恩殿形制缩小只用规格较低的单檐歇山式屋顶，而且室内外梁枋、天花上均不施彩画而保持木料本色，但天花板上仍用了象征帝王的龙纹作装饰。

海墁天花装饰　海墁天花的特点是天花不分井字格，成为一整块顶棚平面，因此装饰花纹比较随意，构图、花饰均无定制。紫禁城和颐和园的几座戏台的天井用的是海墁天花，上面满绘云朵纹。在紫禁城的次要殿堂内也见有用海墁天花的，只是在满面天花上又画出井字方格，绘制出和平棊天花一样的花饰，可称为海墁式井字天花，它比平棊天花省工、省料。

北方住宅屋内天花多用软天花，顶棚骨架下裱糊纸张，大多数用白纸，少数也有用印有浅色花纹的纸张，总之以素雅为主。但是在南方一些讲究的住宅中，凡二层楼者在

清代慕陵隆恩殿天花

紫禁城戏台海墁天花

底层都以上层的楼板作为天花，所以梁枋之间都成了可以进行装饰之处。这样的天花虽然有梁枋分隔不能㳘为一整片，但这多片平面的天花仍可归入海㳘天花一类。安徽黟县关麓村留存有多座讲究的清代住宅，他们的厅堂、卧室多为这样的天花，而且都用了彩绘作装饰。从这些实例看，其彩绘有多种形式：其一是在天花四周用回纹组成边框，用白粉在整面天花板上画出由花瓣或"卍"字纹组成的底子，再在底子上摆布各种形式的小幅画面，画有动物、花卉、山水、人物，外围以深色边框组成圆形、八角、十字、套方、扇面、葫芦、蝴蝶、花瓣等各种形式；其二是同样在回纹边框和白粉花底上绘制花卉，各种形状和色彩的花朵散布在天花上，更有蝴蝶、蝙蝠穿插花间；其三是在回纹边框内用白粉描绘水浪纹，水浪上再绘各种鱼类，尖头平鱼、红色金鱼、大条鲤鱼，有并列游弋者，有转身甩尾者，大小相间，不仅姿态生动，而且鱼头、鱼尾、鱼鳍、鱼鳞都描绘得十分细致。这多种装饰形成的天花具有共同的特点，表现在装饰内容上多采用贴近百姓生活的花卉、鱼类、蝴蝶等等题材，同时它们多具有一定的象征意义。鱼多仔象征家族繁荣，多子多孙；鱼还谐音为"余"，富富有余；民间神话"鲤鱼跳龙门"，寓意凡人经过努力而能登入仕途。花卉象征美好；蝙蝠谐音为"遍福"；蝴蝶

安徽黟县关麓村住宅天花

安徽黟县关麓村住宅天花

南方祠堂木雕装饰天花

不仅美丽而且谐音为"耋"，人到八九十岁谓"耄耋"之年，所以蝴蝶象征长寿。在形式上这类天花不像井字天花那样有圆光、岔角、支条等定式，而是或画花卉、或画游鱼，或呈散点式布局、或组成小幅画面，形式自然而活泼。并且它们都用白粉花纹作底，不但便于在白底子上作画，而且还增加了室内的亮度。在农村，家族的祠堂往往都成为一个村落的政治和文化中心，祠堂建筑与住宅相比，不但规模大而且装饰也讲究，所以祠堂的天花虽不作井字分割，但在平坦的天花板上有的用木雕装饰，中心团花，四角用角花，它

新疆清真寺条格天花

比住宅里的彩绘天花显得讲究一些。

清真寺天花 在前面有关柱子的章节里已经介绍过新疆地区清真寺中的柱子装饰。由于参加礼拜的信徒很多，礼拜堂需要很大的空间，所以这些做礼拜的殿堂都用成排的木柱子支撑着屋顶，它们的做法是在柱子顶上架木梁，梁上架设木枋，枋子上排列木椽，椽子上再铺设平屋顶。这一套屋顶结构特点是架在梁上的木枋很密，两根枋子之间的间距不大，而枋子上的椽木更是紧密相挨，直接组成平坦的屋顶，这种排列紧凑的木枋形如人体的肋骨，所以把它称之为"密肋式"屋顶天花。它既非平棊井字天花，又不是海墁天花，因此它的装饰也具有一些特殊之处。首先，这里的枋木与椽木全漆以乳白色以取得天花洁净与空透之感；其次，把装饰集中用在枋木的底面。枋木中央用方形彩饰画在底面并向上延伸至枋木左右的侧面，其手法与内地的包袱彩画相同。再在枋子两头进行彩画，或在深色底子上画浅色花纹，或在浅色底上画深色花纹。也有讲究的天花在枋木的两头加设一块方形天花，在这些小方块中画着山水、植物、花卉，色彩较深，各不相同，这些小方块相连围绕在木梁的四周组成为一圈边饰，把天花衬托得更加明亮。按伊斯兰教教规，所有在天花上的装饰都是由植物、山水、几何纹组成而见不到任何人物与动物的形象。它们与四周木梁和立柱的装饰组合在一起，构成了具有伊斯兰艺术特殊风格的宗教空间。

新疆清真寺条格天花

藻　井

　　藻井为房屋顶棚的一种形式，它的形态和做法都比平闇、平棊复杂，藻井位于殿堂天花的中心位置，往往与宫殿中帝王御座和佛殿中佛像位置上下相对应，起到重点装饰的作用。汉张衡著《西京赋》中记："蒂倒茄于藻井，披红葩之狎猎。"宋《营造法式》释读为："藻井，当栋中，交木如井，画以藻文，饰以莲茎，缀其根于井中，其华下垂，故云倒也。"总之藻井中有层层叠叠的倒垂着的植物花叶装饰。汉代应劭撰写的《风俗通义》中也对藻井有描绘："殿堂像东井形，刻作荷凌。凌，水物也，所以厌火。"这里说藻井中刻有荷凌的装饰，凌为水生植物，有抑制火的作用。中国古代建筑采用木结构，最怕火灾，所以用与水有关联的动物和植物作装饰以取得灭火的象征意义，这就是在屋顶正脊两端出现用鱼、龙作正吻，在室内藻井中出现荷凌类植物作装饰的原因。

甘肃敦煌石窟320窟藻井

敦煌石窟329窟藻井

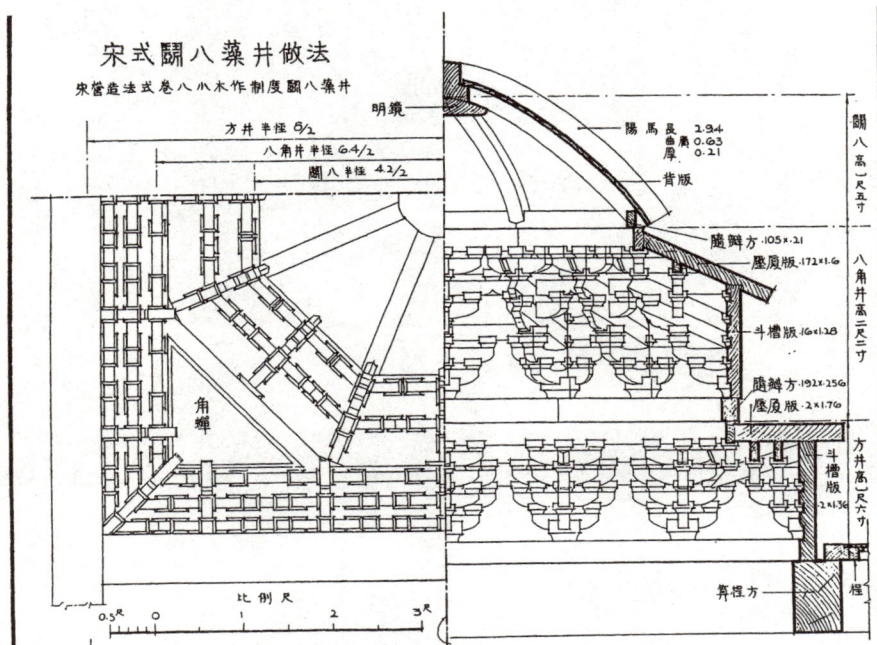

宋式闘八藻井做法

宋营造法式卷八小木作制度闘八藻井

方井半径8/2
八角井半径6.4/2
闘八半径4.2/2

明镜

角蝉

比例尺

0.5尺 0 1 2 3尺

阳马长 2.94
曲高 0.63
厚 0.21

背版

随瓣方 1.05×.21
压厦版 1.72×1.6

斗槽版 1.6×1.28

随瓣方 1.92×2.56
压厦版 2×1.76

斗槽版
2×1.36

算程方

闘八高一尺五寸

八角井高二尺二寸

方井高一尺六寸

宋《营造法式》斗八藻井图

敦煌石窟329窟藻井

以上所举古文献的描绘可以说明，这种藻井早在汉代建筑中已经有了，但至今尚未发现有真正当时的遗物。在甘肃敦煌莫高窟中可以见到唐代的藻井。第329窟（初唐时期）和第320窟（盛唐时期）的窟顶皆为覆斗式，斗的四个斜面向上，中央的四方形斗底即窟顶藻井部分。前者的藻井是由转轮状花蕊和覆莲组成的中心，四周有四身飞天在祥云中飞翔。在这圆形图案的外围分别用莲荷、卷草、葡萄作装饰，外围用垂角幔帷作边。边外四周各有三身共计十二身伎乐飞天在祥云中奏乐飞舞。后者的藻井是以莲花瓣、云头纹等组成中心，在它的四周有方胜、团花、半团花、菱形等纹样作装饰，外围用彩绘幔帷作边。这两处唐代的藻井共同的特点都是装饰纹样丰富多样，色彩绚丽。二者不同之处是初唐时期的第329窟藻井中有飞天，因而显得热闹和活泼，而盛唐时期的第320窟藻井层层花纹相连，构图紧凑，显得富丽而规整。石窟虽然是佛教建筑的一种类型，但它的窟顶毕竟与木结构屋顶不同，同样是天花上的藻井，在构造和装饰上也不完全相同。

宋代，包括辽、金时期的建筑遗存至今的不少，使我们能够见到当时的藻井实例，尤其在宋代《营造法式》中，已经有"斗八藻井"和"小斗八藻井"的专门部分，具体列出了两种藻井的做法与尺寸。现将"斗八藻井"的做法（部分）抄录如下：

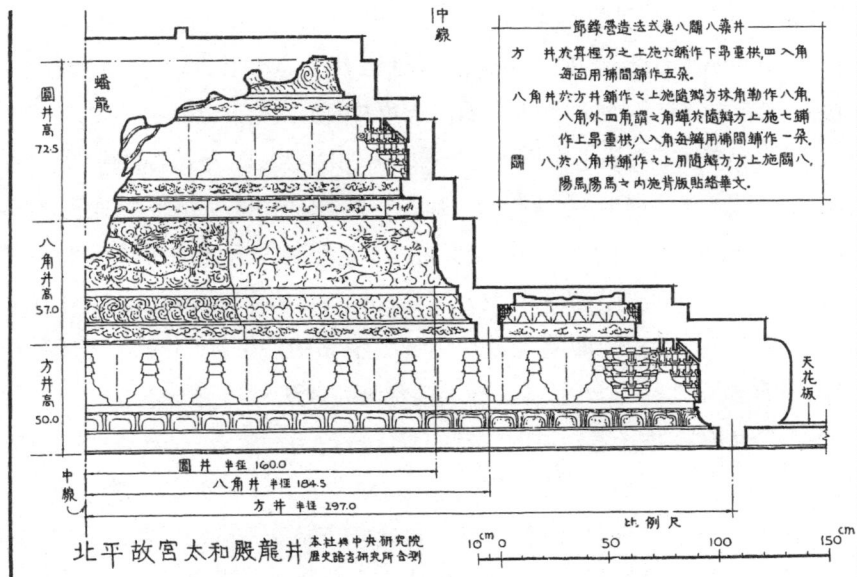

北京紫禁城太和殿藻井

"造斗八藻井之制：共高五尺三寸。其下曰方井，方八尺，高一尺六寸。其中曰八角井，径六尺四寸，高二尺二寸。其上曰斗八，径四尺二寸，高一尺五寸。于顶心之下施垂莲或雕华云卷，皆内安明镜。其名件广厚皆以每尺之径积而为法。"

依据文字和图例可以知道这类藻井的大致形式，即自天花平面至藻井的顶部共高五尺三寸，分作下、中、上三段，下段为四方形，中段为八角形，上段由中段的八个角上伸出的栱斗栱组成圆形称斗八。在顶心处安明镜，下用垂莲等装饰。在一些藻井的实例中确能见到这样的形式，但也有不完全相同的，《营造法式》的做法是在总结、归纳各地实践的基础上加以规范化。从明、清时期的宫殿、寺庙等建筑上可以见到更多的藻井，其形式比宋《营造法式》所规范的更多样了，现在依照建筑的分类将它们分别介绍与分析如下。

一、宫殿建筑藻井

太和殿藻井 在北京紫禁城诸座宫殿中当以太和殿的藻井最大，它的位置在大殿中心四根金龙柱所围成的天花中央，四周还有井口天花相围，正好与下面的皇帝御座上下呼应，造成大殿室内宏伟富丽的景象。

藻井上下分作三层：下层为正方井，每边长约6米，四周用一圈莲瓣与井口天花相隔。在这四方井的四角上各安放一条抹角梁，使方井变为八角井，八角井较方井高0.5米成为中层，二者之间有斗栱过渡。在中层的八角井内放两个正方形梁枋成45°相交，从而形成一个小的八角井，再从小八角井提升0.57米由圈梁组成为上层的圆井。圆井顶部装有巨形盘龙一条，龙首朝下，龙嘴衔着一颗大宝珠，四周围着六颗小宝珠。这座6米见方，高达1.8米的藻井全部由木料制作，上下布满了龙形装饰，除悬在空中的七颗银色宝珠外全部饰以金色，在四周青绿色的龙井天花衬托下显得富丽堂皇。太和殿原建于明永乐十八年（1420年），第二年即遭火烧毁，重建后又多次遭火灾，最后一次是在清康熙三十四年（1695年）重建，所以殿内藻井应为清代藻井做法。

养心殿、养性殿藻井 紫禁城西六宫的养心殿原为一座寝宫，自清代雍正皇帝由乾清宫迁此居住后，就成为皇帝处理日常政务的地方了。所以殿内设有帝王宝座，在它的上方天井也有藻井与之相对应。养性殿为紫禁城东路宁寿宫的后宫，是清代乾隆皇帝准备年老退位当太上皇时居住的寝殿，因此室内装修十分讲究，这两处藻井虽然不

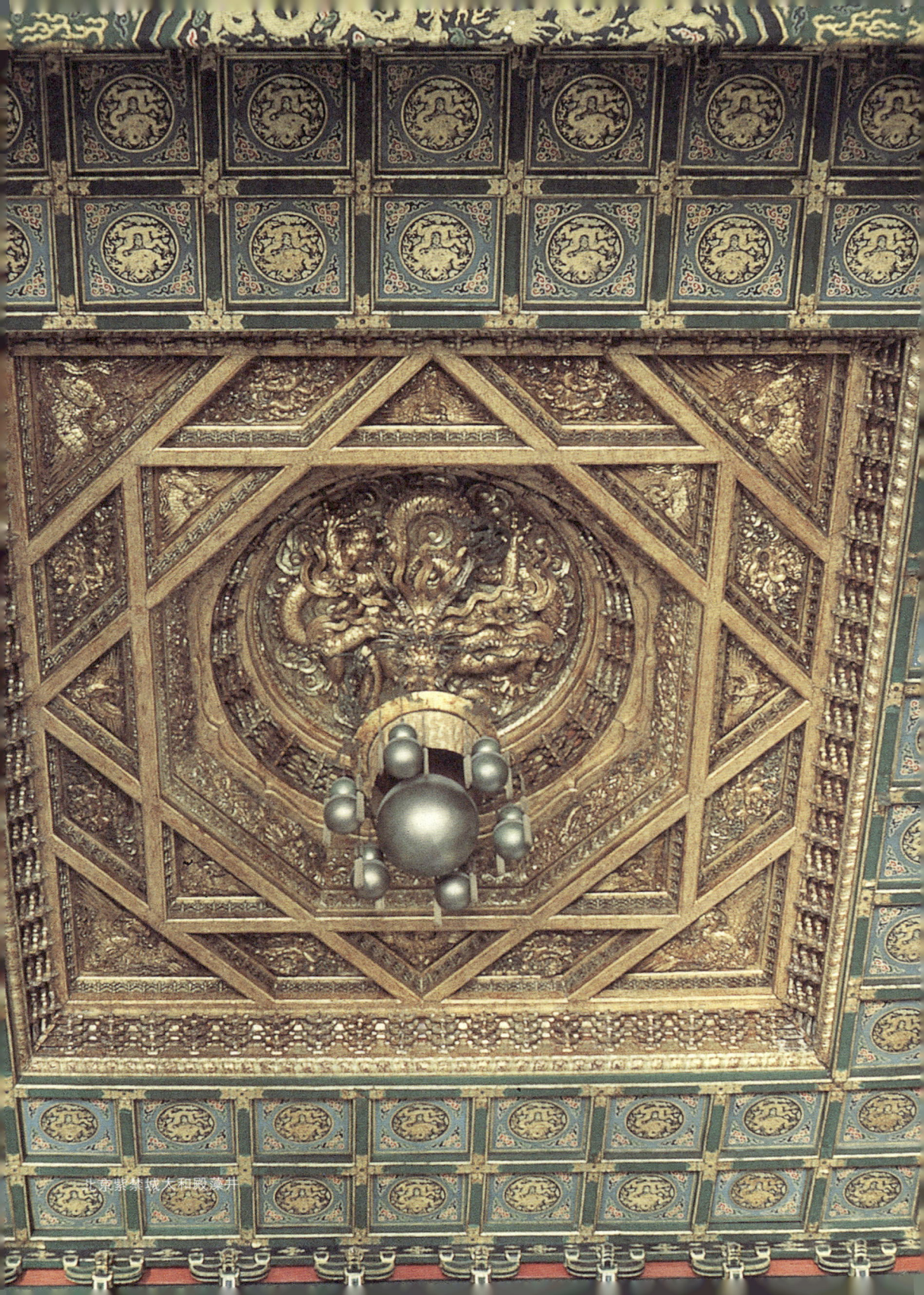

紫禁城养性殿藻井

紫禁城澄瑞亭藻井

如太和殿之大，但也很讲究。藻井皆分上中下三层，下为方井，由密集斗栱经抹角梁而过渡到中层的八角井。在这八角形井内由两个正方形相交组成为一个八面直角天花井，由此再由圈梁和斗栱上升到上层的圆井。井底盘龙一条，龙头朝下，嘴叼大宝珠一颗，四角饰以垂穗悬吊于半空之中。在中层八角形的四周，凡棱形小格中用龙雕，凡三角形小格中用凤雕作装饰。这是因为这两处皆为皇帝、皇后之寝宫，而太和殿为上朝大殿所以藻井中全部以龙雕作装饰。在藻井色彩上除大量采用金色外，方梁与抹角梁养心殿用绿色，养性殿用蓝色，这样的处理可使藻井与四周青绿色调的井口天花在色彩上得到呼应，显得比较平和。

万春亭、千秋亭藻井 紫禁城御花园的万春亭、千秋亭处于花园东西两部分的中心位置，为园中主要的景观建筑。平面为"十"字折角形，而屋顶却为圆形，亭内天花整体形成为一座藻井，因此它们不需要像殿堂藻井那样由方井过渡到八角井再上升到圆井，

紫禁城万春亭藻井

它们由下至上皆为圆井。先从圆形额枋上用斗栱挑出组成藻井的第一层，在这一层面上分作二十个井口方格，每一格中央为双凤纹组成的圆光和四角卷草纹岔角。由第一层向上再用斗栱挑出托起上层而至井顶。井心有盘龙一条，俯首向下，在万春亭的龙口中还衔着一颗悬挂于空中的宝珠，井顶四周有一圈由八条木雕行龙组成的装饰。值得注意的是这两座藻井装饰中不但龙凤并用，而且在井顶的盘龙、行龙中用红花与绿色枝叶作衬底装饰，它与常见的龙多在云、水中的装饰很不相同，这说明这两座亭子既为皇帝与皇后同游之地，又处于园林植物花卉之中，这种装饰的处理正合亭子所处的园林环境特点。

沈阳故宫大政殿藻井 沈阳故宫是清王朝在1644年入关之前在沈阳的宫殿建筑群，其中大政殿为举行重要典礼的

紫禁城千秋亭藻井

殿堂。平面八角形，上为重檐八角攒尖屋顶，室内中心的八根立柱上直接支撑着八角形的藻井。藻井分上下二层，分别由斗栱支撑，下层的每一面有一块梯形的天花板，中心为由周围莲瓣围成的圆光，圆光中央各有一个佛教梵文文字作装饰。下层之上由斗栱托起收缩成为圆形的井顶，顶上盘踞着一条在云朵中的木雕金龙。这座藻井虽不如紫禁城宫殿的藻井那样精致豪华，但结构明晰，与八根立柱共同组成了大政殿内构图完整的空间。

二、宗教建筑藻井

在一些佛寺的主要殿堂中常可以见

沈阳故宫大政殿藻井

沈阳故宫大政殿藻井

天津蓟县独乐寺观音阁藻井

山西应县佛宫寺木塔藻井

到天花上有藻井装饰，它们的位置多在殿内佛像的上方，以起到重点装饰，突出佛像的作用。例如山西应县佛宫寺木塔一层的佛像和天津蓟县独乐寺观音阁中的观音菩萨像的顶上都有八角形的藻井。山西大同华严寺薄伽教藏殿内并列有三尊佛像，在它们的顶上都各有一座藻井，因为三尊佛像中央的比左右两侧的高大，因此天花上并列的三座

山西大同华严寺薄伽教藏殿藻井

藻井也是中央的比两侧的大。

浙江宁波保国寺大殿建于宋祥符六年（1013年），殿内有一大二小三座藻井，其中位于中间较大者圆井直径185厘米。这座藻井下部为四方形，井上用抹角梁而成八角井，在八个角上各有两层斗栱向上托起围成圆井，再在圆形梁上升出八根称为阳马的弧形竖梁汇合于顶端支撑住六角形短柱。在八根阳马之间有弧形木条围合成圆环，由下至上共有八道，在结构上它们可以使圆形藻井结合成为一个整体；在视觉上它们遮挡住了藻井上方屋顶的梁架从而使藻井保持一个完整的形象。在这三座藻井的上下构件上均未有雕刻和绘画装饰，完全以它简洁的结构构成藻井的形象。

山西大同善化寺大雄宝殿为金代（1116年—1234年）建筑，大殿面宽七开间，仅在中央开间有天花，而藻井就设在位于中央的四根柱子的上方。藻井底层为方井，由四角

浙江宁波保国寺大殿藻井

抹角梁而成八角井，在八个面上用二十四
组小斗栱托起又一层的八角井，再由
三十二组小斗栱托起顶层的圆井。圆井为
一平面，上面绘有两条盘卷的金龙，头对头
戏弄着一颗带火焰纹的宝珠。在方井四个
角上与三角形的角蝉内各画有一只金色长
尾的凤鸟张翅飞翔于云朵中。在藻井底层
方井之前有方格平棊，之后有菱形平棊。
在方井四周，沿着四根柱子上面的梁枋有
一周圈小斗栱和画有佛像的小斜板。一
座藻井经过这样一装饰，它的形象自然十

大同善化寺大殿藻井

分突出,它与藻井下面的佛像共同组成为大殿的中心。

　　新疆地区的清真寺仍保留着阿拉伯世界伊斯兰教礼拜寺的形式。由于前来礼拜寺的教徒人数众多,使礼拜堂面积多比较大,因此大面积的天花板成了适宜装饰的场所。除了前面已经介绍的几种天花装饰之外,用藻井也是常见的手法。新疆喀什最大的清真寺艾提卡尔礼拜寺的礼拜殿堂面积很大,在宽敞的廊屋里就可以同时容纳数百信徒做礼拜,在这廊屋的大片天花上,只在内殿大门的上方和廊屋两侧各有一处藻井,其余部分皆为白色天花板。这里的藻井和内地宫殿、寺庙殿堂的藻井不同,它不是由四方至八角而至圆形井顶而是里、外两层皆为方井。方井之外圆围以小方块,每方块中用风车形条纹分割。方井内圈比外圈升高少许,成为上下两个层面。长方形的内井上用条格组成万字、长方菱角、方形四边出菱角等几何形体。在上下两层几何形内每一部分都绘有不同的花卉作装饰。藻井的整体色彩以褐色为基调,并用红、粉、绿、白等色绘制花叶,因此使藻井华丽而不艳俗。在大片白色的天花上,只有这几块五彩缤纷的藻井象征着美丽的伊斯兰天国世界。

新疆喀什卡提朵尔清真寺礼拜殿藻井

三、坛庙建筑藻井

封建帝王祭天神的坛庙是礼制建筑中最重要的一类。北京天坛是明、清两代帝王祭天的场所，在圜丘、皇穹宇、祈年殿三大祭祀建筑中除露天的圜丘外，其余两座殿堂都有藻井。

祈年殿为帝王祈求丰年的场所，平面圆形，三重檐圆形攒尖屋顶，殿内天花整体做成一个大型藻井，只是因为有圆形屋顶，所以这里的藻井从下至上皆呈圆形，不需要经方形、八角形的过渡。祈年殿中央有四根大立柱，在柱顶有四条弧形的木梁围合成圆形圈梁。为了屋顶的需要，在这层圈梁之上用短立柱和小圈梁使屋顶抬高，再在上面用三十六组斗栱向上托起藻井的下层圆形井面，井面上用平棊作天花。由此向上再用十二组小斗栱支撑起上层的井顶，井顶上有一条木雕盘龙。下面是红色立柱，中间为青绿色的梁枋与斗栱，顶上有金龙，组成一座华丽的大藻井。

新疆喀什卡提朵尔清真寺礼拜殿藻井

北京天坛祈年殿藻井

天坛皇穹宇藻井

农村祠堂藻井

　　皇穹宇是供放神牌的殿堂，平面亦为圆形，但规模远比祈年殿小，屋顶只是单檐圆形攒尖顶。殿内屋顶也是做成一座藻井，柱头上用弧形梁围成圆形圈梁，梁上用密集的斗栱托起上面的井顶，由于屋顶比较小，所以结构简洁明了。所有梁枋、斗栱都油以青、绿二色漆，边沿描以金线，只在大片青、绿色调中闪现出点点红色的栱眼板与下面的红色立柱相呼应。这座从结构到色彩都上下浑然一体的藻井象征着天体的纯净，成为中国古代建筑藻井中的精品。

　　祠堂是广大百姓祭祀祖先的场所，它和天坛一样都属古代礼制类建筑。祠堂的功能主要是祭祖，但它还是家族族人议事、聚会、娱乐的地方，家族通过这些活动以达到增加族人凝聚力的目的。祠堂最热闹的活动莫过于每年的祭祖和逢年过节时的唱戏，所以祠堂都比住宅规模大而讲究，有的还设有戏台。戏台在祠堂里都处于中心位置，一般都在第一进的院子里，正面朝向祭祀祖宗的厅堂，成了祠堂最显著的建筑。从浙江省几座农村的祠堂戏台可以看到它们的屋顶上装饰着脊兽与角兽；屋檐下有木雕的牛腿支撑着出檐；戏台平面多呈方形，所以天花上常用藻井，这些藻井有方形、八角形、由八角至圆形；有用斗栱层层向上支托的，有不用斗栱而分高低几层的；有保持木料本色不施油彩的，有在层层梁枋和斗栱上满绘彩画的；彩画内容有植物枝叶、花卉的，有人物的，

153

祠堂戏台藻井

也有几何形纹样的。它们的形式与装饰即使是在一个地域不大的浙江省，各地的戏台都不一样，看不出有统一的规范，随各地工匠的创造而呈现出多姿多态的式样。

　　说到戏台，除农村的祠堂外，在一些地方城市的会馆中也常见到。会馆有同乡会馆与同业会馆两类，前者为客居外地的同乡人联络、聚会、居住的场所；后者为手工业、商业行会议事与办事的处所。会馆多设在各省省会和工、商业较发达的城市。规模较大的会馆内往往也设有戏台与剧场，比较讲究的戏台天花常用藻井装饰。这种戏台的藻井多比农村祠堂内戏台的藻井更讲究，有的用细小的雕花木构件拼织成旋涡形的井顶，以其华丽的形象显示出家乡或者行会的财势。

祠堂戏台藻井

会馆建筑藻井

第四章

雀替、梁托、楣子、花牙子

中国古代建筑的木结构最主要的构件是垂直立于地面上的柱子和架在柱子上水平方向的梁枋。柱子和梁枋相交,有的是用榫卯将梁头与柱子头相互紧紧交结在一起,有的是梁枋置放在柱头上。不论采用哪种方式,垂直的立柱和水平的梁枋都会在柱子两侧形成一个直角,正是在这个直角上出现了雀替、梁托、楣子与花牙子这几种构件,现在把它们放在一个章节里介绍。

雀　替

雀替是位于建筑立柱与梁枋相交处的构件,它自柱子上方的左右两侧伸出,紧贴在梁枋之下,能起到减小梁枋跨度和梁柱相接处剪力的作用,同时还能防止立柱与横梁垂直相交的倾斜变形。总之,雀替是一种有结构功能的构件。

一、雀替的形式

在宋代《营造法式》卷五的"阑额"项内提到在檐额之下有一种绰幕方："……檐额下绰幕方，广减檐额三分之一，出柱，长至补间，相对作梢头或三瓣头。"檐额即建筑外檐柱上的横枋，在檐额下有一道绰幕方，它的宽度只有檐额的三分之二，它的长度穿过柱子大于一个开间之长，并且方子头做成梢头或者三瓣头形。河南济源济渎庙的临水亭就有这种绰幕方的实例，它处于檐额之下，从亭的次间穿过中央柱身而延长至中央开间，形成两个绰幕方的头左右相对。这里的绰幕方实际上是一条长长的替木，架设在柱头上，紧贴于檐额之下，起到和雀替同样的结构功能，所以可以把它视为雀替的早期形式。

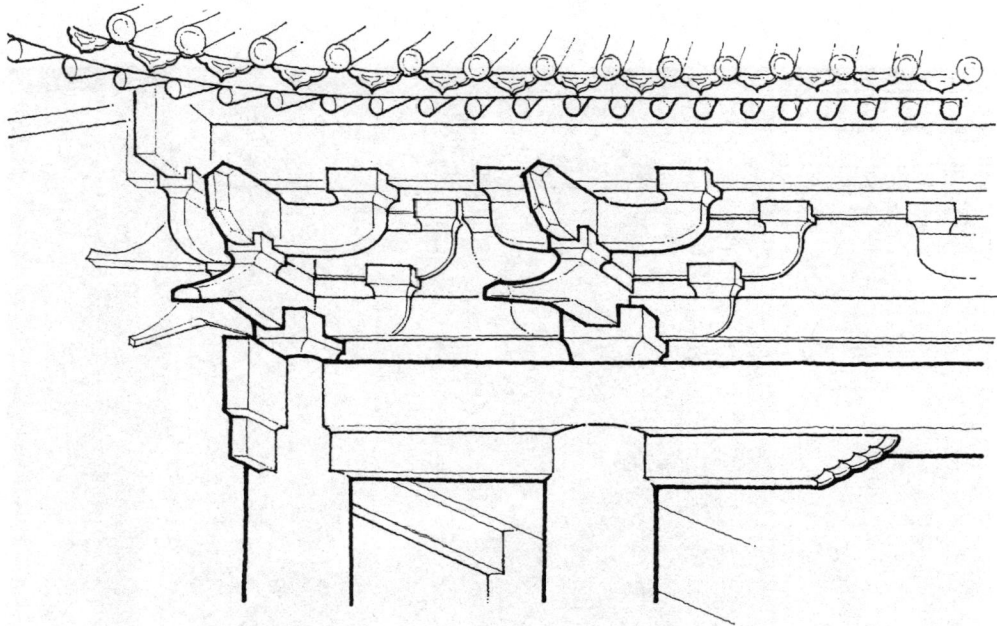

河南济源济渎庙临水亭替木

浙江武义郭洞村住宅雀替

　　这种长条替木形的雀替在有些古建筑上仍能见到，例如内蒙古包头五当召藏传佛寺大殿的柱子上就有长条的替木紧贴在梁枋之下。在浙江武义郭洞村的住宅檐柱柱头也见到一条长替木贴在横枋下。值得注意的是在以上这两处的替木之下都加了一件小构件。五当召佛殿柱子头上，替木之下加了一段短短的替木，它作为柱头与替木之间过渡的构件能够把替木所受之压力集中传递到柱子上，又起到托起长替木的作用。郭洞村住宅檐柱头上替木的下方加了一只斗栱，自柱身挑出，用方斗托住替木，它的作用和替木对檐额的作用一样，可以减小替木的跨度，把替木所受之力分散至柱子上。从这两处的角替可以看到，一条简单的替木变为上下两层的构件了。因为这样的替木位于梁柱的交角处，所以称它们为"角替"。

　　在清工部《工程做法》中，把这种构件称为雀替，不知什么原因。按雀即鸟雀之称，而雀在鸟类中属体型小者，人们把气量偏小的人比喻为"雀儿肠肚"，所以雀有小意。角替与梁、柱相比在木结构构件中属于小者，因此而称为"雀替"，不知是否如此。从大量实例看，这种替木下加一只斗栱支托似乎成了雀替的通用形式。在郭洞村住宅、祠堂上还可以见到不同形式的雀替木的基本形式。到明、清时期，这种形式可以说发展到定型

藏传佛寺殿堂柱头替木

清代标准雀替

化的程度，一块略呈三角形的替木，下面有一只自柱身伸出的斗栱支承着，在北京紫禁城、颐和园、明十三陵等皇宫、皇园、皇陵的众多殿堂上都用的是这种形式的雀替。在清工部《工程做法》中对这类雀替的形制作了明确的规定：雀替长度为开间面阔的四分之一，另加入柱身之榫，榫长为柱径之半；雀替高与檐枋高度相同；雀替厚为柱径的十分之三。

这种规范的做法告诉我们，原先位于柱头上紧贴檐额下的长条替木逐渐改为自柱头两侧伸出的两段短替木了，它们分别用榫卯和柱头相接而相互之间并无连接，这意味着原来替木所具有的减小檐额跨度等结构上的功能大大减少而装饰作用却大大增加了，于是雀替逐渐发展成为一种以装饰性为主的构件了。

当雀替丧失了结构作用而成为装饰构件之后，它的形式就不受限制而产生了多种样式。这种现象在都城的皇家官式建筑上还不明显，但在各地区的地方建筑上已经出现了很多实例，其中有用龙作雀替的，有用象头作雀替的，等等。小小雀替上也凝聚了工匠的心血和智慧。

二、雀替的装饰

宋代《营造法式》关于绰幕方头部的式样有"相对作梢头或三瓣头"两种做法。在《营造法式》卷三十，大木作制度图样中展示了三种式样：即大角梁三瓣头，梢头绰幕和蝉肚绰幕，其中梢头最简单，三瓣头次之，蝉肚较复杂。无论哪一种形式，对于原来是一条替木的方整顶端来说都是一种美化加工，都是对绰幕方的装饰，在这里这些装饰只是一些形式美的处理，还没有什么人文涵意。在宋代和以后时期的建筑上，我们可以见到不少经过类似加工装饰了的雀替，其中三瓣头较少见到，而梢头和蝉肚比较常见，尤其是蝉肚形，只是有的蝉肚边沿曲线延长至雀替的整个斜面，如济渎庙临水亭的雀替就是这种式

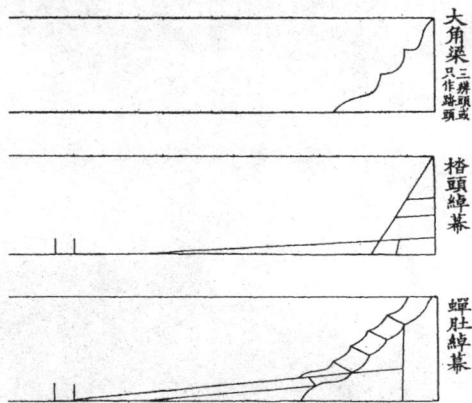

宋《营造法式》头图

163

样。这个时期的雀替在建筑的室外梁柱之间都能见到，大多只是外形的加工而不在雀替表面施加彩绘和雕刻。有的因为梁枋上有彩画而延伸至梁枋下雀替上也画彩饰，但它们的形式多依随梁上彩绘而没有固定的格式。

明清时期的建筑上雀替用得很普遍，但多集中用在外檐柱子上，在屋内比较少见。从这时期北京地区的官式建筑看，它们的雀替最大的特点就是从外形到表面的彩饰都形成相对固定的形式。从外形看，略呈直角三角形的斜边做成蝉肚形连续曲线，靠近柱身处有斗栱相托。有的雀替为了加强外形的变化，在斗栱的小斗内加一块纵向的花板与雀替垂直相交，因为花板上雕有几条云纹，因此称为"三伏云"。在清工部《工程作法》中，对这类雀替的长、高、厚度以及三伏云的宽、厚都有明确的规定，从而使官式建筑上的雀替式样进一步得到规范。从雀替表面的装饰看，以植物卷草纹为多。即使是在北京紫禁城宫殿建筑的雀

北京紫禁城皇极殿雀替

雀替加花板

北京紫禁城皇极殿雀替

替上也是这样，太和、中和殿和乾清宫都是宫城中最重要的殿堂，在这些殿堂里里外外的梁枋、天花、藻井、石台基上都充斥着龙纹的装饰，殿堂本身都是大红的檐柱，梁枋上画的是以龙纹为主的和玺式彩画，但它们的雀替上却仍用的是卷草纹样，只有在宁寿宫、皇极殿等少数殿堂上才能见到雀替上用龙纹作装饰。在色彩上，多为红色的底，青、绿色为主的卷草，边框上贴金。如果雀替上用龙，则龙身贴金。从形式到彩饰都规范化的好处是保证了雀替本身形态的美观和与梁柱结构的合适组合，而且制作也方便。但它的缺点是限制了工匠的创造性，使雀替形象模式化而缺乏生气。

这种规范化在京城一带能够得到遵守，但到了其他地区就缺乏约束力了，这种现象

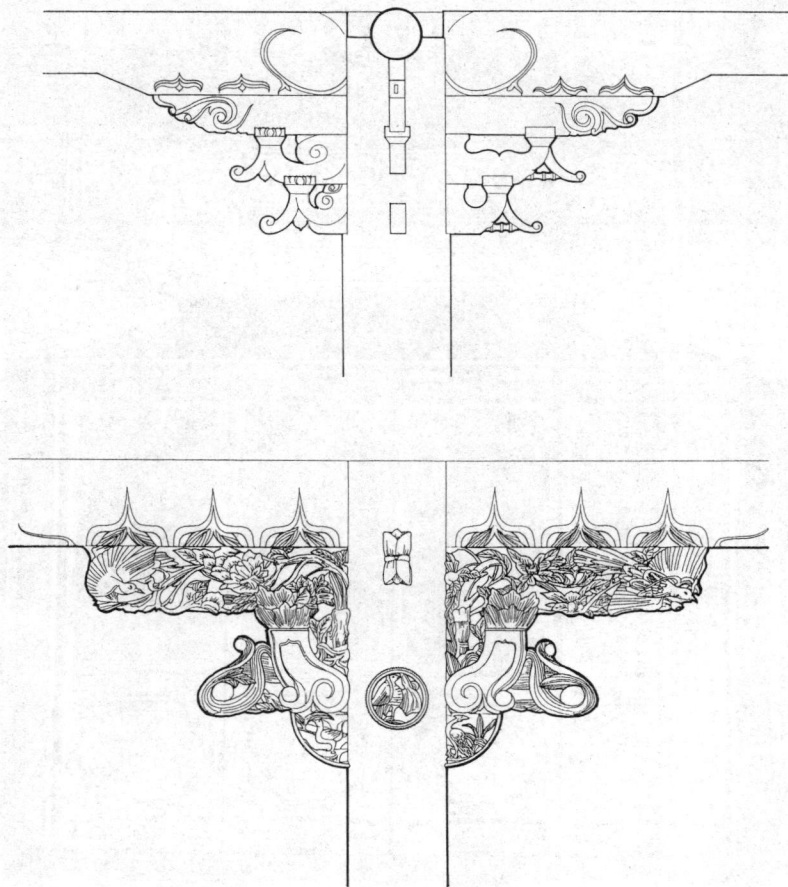

浙江郭洞村住宅雀替

浙江郭洞村住宅雀替

越到边远地区，尤其是乡村越明显。前面提到的浙江武义郭洞村，在村里的祠堂、住宅上一方面可以见到雀替初期的典型式样，斗栱托起长条替木而构成的角替，同时也可以见到装饰得十分华丽的雀替。雀替既然已经大大减少了或不具备结构上的功能，那么工匠就可以对它们进行更多的雕饰加工，替木上满布木雕，植物花草、飞鸟禽兽都成了常用的形象；斗栱两侧伸出了双翼，在上面雕出卷草、花卉。在武义县俞源村的一座住宅里，也有这类布满雕饰的雀替。在这些雀替上把上方的替木与下方的斗栱连为一个整体，形成一个表面，在上面雕出植物枝干和花叶。在斗栱两翼挑出小平台，台上有单个或成对的人物，有狮子，有花瓶，在一个开间里的左右雀替上构成人物相对交谈、两狮相对和瓶花并立的画面。在装饰技法上应用了深浮雕、透雕、圆雕等诸种技法，使体量不大的雀替具有了很强的装饰表现力。如果说雀替早期的梢头、蝉肚形的加工只具备一种形式美感，那么现在这些雀替的形态不仅仅具有形式之美而且还富有一定的人文内涵。狮子象征着力量，瓶中插四季花寓意"四季平安"，这些都是中国古代装饰中常用的象征手法。这些被装饰了的雀替排列在梁枋下，犹如一件件木雕艺术品展示在人们面

浙江俞源村住宅雀替

浙江俞源村住宅雀替

前，成为建筑中一道特殊的景观。

　　如果到全国各地的县、镇、乡村去走走看看，就可以发现有更多式样的雀替。在山西晋中地区的县城和晋商的几处大院建筑上，可以见到用植物花草、连续藤茎条纹组成的雀替，但更多的是在小小的雀替上充满各种雕饰，其中有麒麟，有双狮耍绣球，有琴、棋、书、画，也有用拐子龙组成的雀替，有的地方甚至用龙体直接来作雀替了。山西介休张壁村有一座可汗庙，在庙的大殿上就有这样的龙体雀替。一条金色龙，龙身处于檐柱头上梁枋之下，龙头伸向中央开间，龙尾在次开间，于是大殿中央开间左右是双龙头相对而视，次开间为龙尾相对。上面提到的北京紫禁城宁寿宫、皇极殿的雀替是在固定的三角形内用行龙装饰，而这里却直接用龙体作雀替，它没有雀替传统三角形边框的限制，龙体可以自由舒展。而且在可汗庙里见到的还不止是一种龙体雀替，其中有的龙体弯曲一些，有的舒展一些；龙头有的张嘴含宝珠，有的自头部伸出长长的两道龙须，

山西晋中晋商大院房屋上雀替

山西晋中晋商大院房屋上雀替

山西晋中晋商大院房屋上雀替

山西介休张壁村可汗庙中央开间

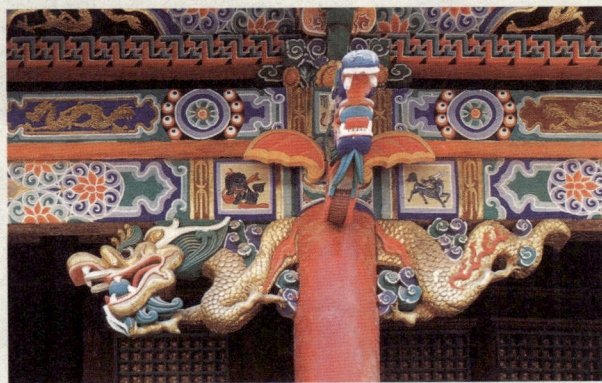

山西介休张壁村可汗届的龙形雀替

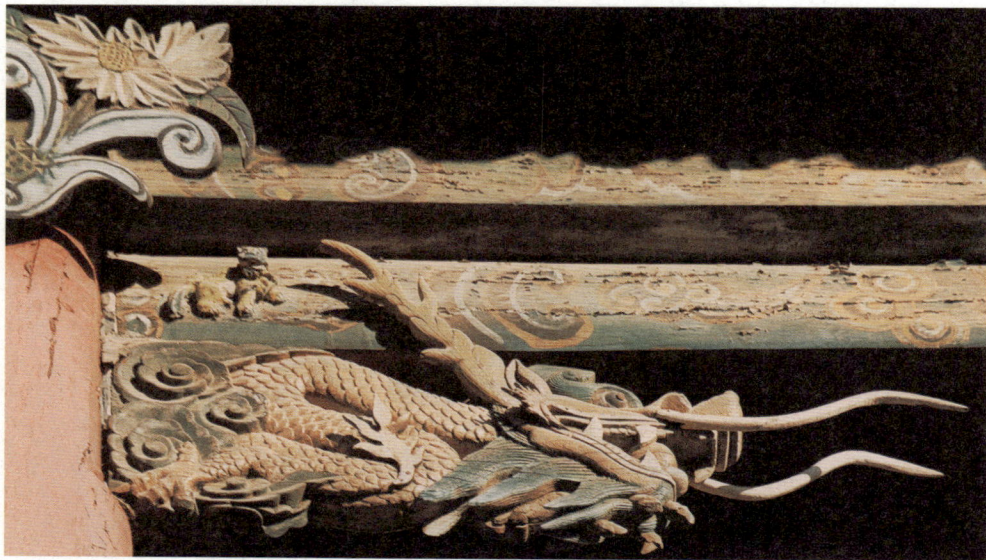

龙头雀替

象头雀替

姿态互不雷同，在统一中又有变化。站在可汗庙的屋檐下，仰望柱头上的装饰，一条金龙游弋在云朵中，柱头的顶端又伸出五色的龙首，四周还有五彩缤纷的梁枋彩画，仿佛置身于乡间春节舞龙的队伍之中，龙头高举，龙身翻滚，锣鼓喧天，好一幅民族风格的画面。更有甚者，把大象头也当作雀替了，象头依附在柱头上，长长的象鼻子向前探伸贴在檐枋之下，外形上还保持了雀替的传统式样，表现出工匠的创造力。

雀替由扁平到长形

在各地寺庙、住宅上，梁枋下的雀替由于装饰的需要，将原本偏平三角形的雀替逐渐加高，替木的斗栱由一层加至两层，斗栱外侧又附加了人物雕刻，使雀替外形由扁平而发展成为方形、竖向长方形，直至竖向三角形。体量的增大意味着雕饰的增多，在有些讲究的寺庙、住宅里，出现了在一个开间中两边的雀替顶头相连的现象，这种情况在垂花门两侧面的柱间常见到，因为这里的垂花柱和立柱之间的距离很小，两只雀替头常碰在一起，这样的雀替称为"骑马雀替"。在房屋正面开间，为了加强装饰，除了将雀替体型加大，表面增加木雕之外，还在檐额的中段下方增加一些木雕装饰，这种装饰

左右雀替相连

骑马雀替

柱间挂落

由小变大，由中央向两边发展，从而与两侧的雀替相连，于是在檐额下两柱之间产生了一种贴附在两柱内侧和檐额底边的延续木雕装饰，它自然不能再称为雀替了，因为这是挂在檐额之下，沿着柱身向两边落下的装饰，所以称为"挂落"。这种挂落已经完全失去结构上的功能而是一种纯装饰性的构件，因此它的体型和装饰可以不受限制，可大可小，可以在实木板上作木雕，也可以用木棂条拼合成连续性的花格。

挂落的装饰性自然比雀替强，所以在一些重要的寺庙大殿和讲究的住宅里常能见到。山西五台山佛寺大殿正面几个开间的檐柱之间都用这种挂落装饰，挂落上左右各一条金龙游弋于云朵间，中间有一颗带火焰的宝珠组成一幅双龙戏珠的木雕。五台山距北京不远，这里的寺庙是清代帝王常来之地，因此在彩画、挂落上可以大胆用龙纹作装饰了。在山西晋商留下的几座大院里也广泛使用了这种挂落。山西住宅多为砖墙、瓦顶，主要厅堂门前多设门斗，所以门斗就成了重点装饰的位置，除了梁枋上用彩画，雕刻成各种花朵、灯罩的垂花柱头和立柱上挂楹联之外，柱间的挂落也是重要的装饰部分。有的在木板两端满布木雕，有的用棂条组成花格网，中间再加装饰。在这些挂落上可以看到园林中的仕女，象征多子的葡萄，盛开的荷花，也可以看到奔马、立马、卧马，以及显示文人气质的古鼎、瓶、磬等器物。从挂落的布局构图看，多数是用回纹分割组成小分格，在格内布置人物、动物等装饰；也有用回纹组成博古架，在架上分置瓶、鼎、花盆等器物；但也有用拐子龙或草龙直接组成挂落的；也有用树干、树枝叶组成挂落的。在技法上多用高雕和透雕，使挂落的装饰性更强，形象更突出。这些挂落成了晋商显露财势、表达人生理念的场所，工匠也在这些挂落上显示出他们高超的技艺和创造力。

柱间挂落

山西五台山寺庙挂落

山西晋中晋商大院建筑挂落

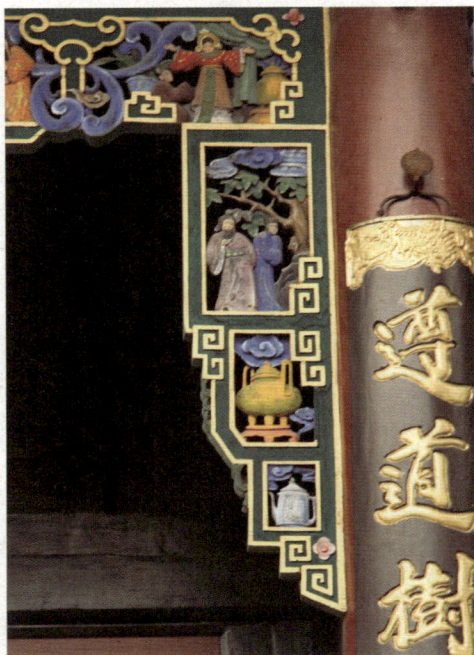
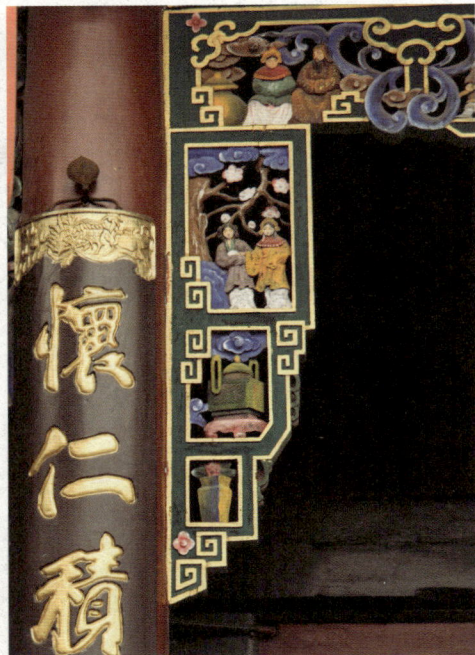

山西晋中晋商大院建筑挂落

山西晋中晋商大院建筑挂落

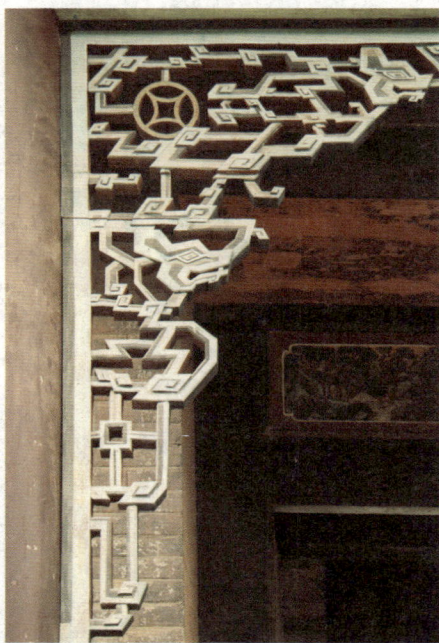

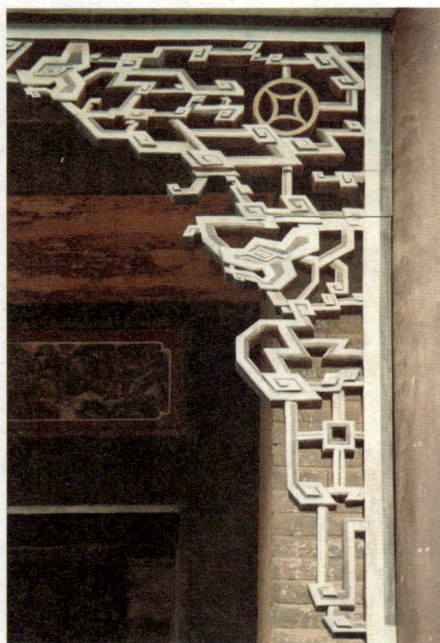

山西晋中晋商大院建筑挂落

山西晋中晋商大院建筑挂落

三、砖、石建筑上的雀替

中国古代建筑以木构造为结构体系，从普通的住宅到皇家的宫殿、园林，从殿堂、楼阁到亭、榭、廊、屋都采用这种木构体系，但是不等于说中国没有砖、石结构的房屋。地面上的砖窑洞、石牌楼，地面下的砖、石墓室用的都是砖、石结构而不用木材构架。但值得注意的是，这些砖、石建筑无论地上的还是地下的，它们多在外形上仿照了木结构的式样。完全用砖筑造的无梁殿，在屋檐下还是用砖砌造出斗栱和梁枋，在墙身上砌造出立柱。在城

山西晋中晋商大院建筑挂落

乡各地的石牌楼用石材作柱和梁枋,这自
然是石结构本身的构造形式,但是屋顶
檐下成排的椽子,梁枋上一组一组的斗栱
却都不是石结构所必要的,它们全都是木
结构的构件。在这些砖、石结构的建筑上
也可以见到雀替,这些雀替与木结构建筑
上的雀替在形态上有什么相同和相异之
处呢?

　　石牌楼的雀替　　大多数石牌楼和木牌
楼具有相同的形式。立柱、横枋、斗栱、屋
顶,立柱由夹杆石固定,屋顶可以一开间一
个,也可以一个开间多个屋顶,所以和木牌
楼一样,牌楼大小以几柱、几开间、多少屋
顶来决定,所不同的是由于石材重,用料又
比较粗壮,所以稳定性强,高大的牌楼不

有云墩、梓框的石牌坊雀替

石牌坊雀替

有云墩的木牌楼雀替

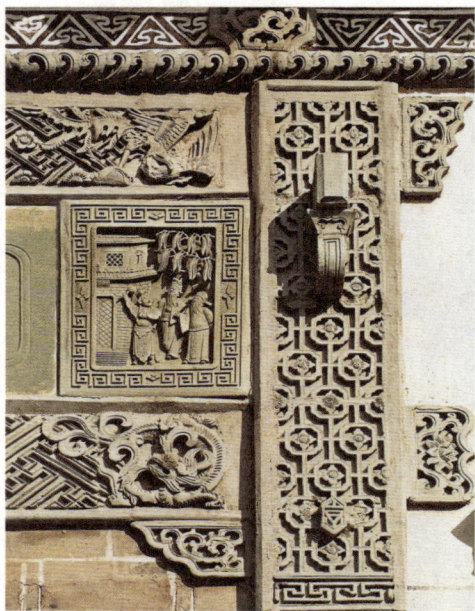

需要像木牌楼那样在立柱前后加戗柱支撑。这样的石牌楼在梁柱交接处都有雀替，大多数雀替的形式比较简单，外形与木结构雀替的扁平状不同而略呈等腰三角形，表面有石刻作装饰。大型石牌楼上的雀替造型不但保持了木构雀替的标准形式，而且在雀替的斗栱下方加了一块云墩，外形呈长三角形，表面刻满云纹，它是雀替下面的墩座，所以称"云墩"。在云墩的下方，还加了一道紧贴在立柱上的边框，上面顶住云墩，下面落在夹杆石座上，称为"梓框"。这种由雀替、云墩组合成的雀替称为"龙门雀替"。在比较大型的木牌楼上，例如北京颐和园排云殿前和北京雍和宫的木牌楼上就能见到这种龙门雀替。石牌楼的梁枋也是用榫卯与柱子相接，现在雀替在梁枋下，底下有云墩承托，并且将重量通过梓框直接传递到夹杆石座上，所以这里的雀替应该是有结构作用的，它仍然起到缩短石梁枋跨度的作用。牌楼都设在大路中央或重要建筑群的前方，位置显要，不论是标志性还是记事表彰性的牌楼都很注意本身的形象和装饰，雀替位于梁柱交叉处，所以不但在它的表面刻有纹饰，而且在斗栱的方斗上又伸出与雀替呈垂直方向的三伏云和麻叶头，使小小雀替增添了艺术表现力。在清代工匠间流传和奉行的关于石牌楼的做法、算例中，对这些雀

琉璃牌楼雀替

替、云墩、梓框、云板等皆有规定的尺寸大小，可见这样的雀替做法在当时已经是很流
行的了。

砖牌楼雀替 完全用砖砌造的牌楼比较少，它们在外形上仍依照木牌楼的形式，
在砖体表面做出立柱和梁枋的式样，只是柱子之间开的是券门。梁柱交叉点也有雀替，
它也只是附在墙面上的，具有雀替形态的一层装饰。砖牌楼外表贴以琉璃就成了琉璃
牌楼，它的优点是色彩鲜艳而有光泽，而且能保持较长期不变。北京颐和园万寿山上有
一座"众香界"琉璃牌楼，四柱三开间七座顶，砖造牌楼身上用黄、绿二色琉璃拼出立
柱、梁枋，梁柱交接处也有雀替，标准的形式，上面有琉璃卷草纹样，而且在方斗上也伸
出三伏云版。

另一类砖牌楼是依附在建筑大门上的牌楼式门脸和门头装饰。在江南安徽、江西等地区的比较讲究的祠堂、住宅上，经常能见到这样的牌楼式的大门。这样的大门大多数为一开间，在大门的两侧和上方用砖砌造出牌楼的柱子、梁枋、斗栱、屋顶等部件贴在墙面上，实际上只是一层薄薄的砖雕装饰。在这些门头、门脸上也少不了雀替，它们位于柱子、梁枋交接以及大门门额和两侧门框的交接处，前者也是一层雕刻，而后者却是一件砖材或石材构件。它们的形式多呈扁形或等腰三角形，表面雕着卷草、花卉。在浙江兰溪诸葛村的一座祠堂的牌楼式门脸上，它的雀替由上面的替木与下面的斗栱组成，替木上雕着两条草龙对着中央的寿字团花，下面斗栱的外侧有卷草装饰伸出，这样的形式和浙江武义郭洞村、俞源村的住宅上的木雕雀替基本雷同，表现出一个地区的

　砖雕门头雀替

浙江诸葛村祠堂门上雀替

同一传统风格。安徽黟县农村住宅的大门上也是砖造仿木构形式的门头，不过在外形上进行了简化，一层层的梁枋仍在，但垂直的柱子不见了，有意思的是把梁柱之间的雀替仍保留在门头上，只是将两只雀替的位置略略向外侧移了一点，它们成为砖雕门头在下面的结束。当雀替丧失了结构作用成为一种单纯的装饰构件后，它就不受限制地任凭工匠摆布了。

安徽住宅门头上雀替

梁　托

　　梁托位于梁枋与柱子的交接处，在梁枋两端之下，向上支托起梁枋，故称"梁托"。
从结构上讲，梁托与雀替的功能一样，能够减小梁枋跨度和梁柱之间的剪力。它们的不
同处是雀替位于房屋外檐立柱与檐额之间，而梁托却在房屋室内的梁枋之下，前者现于
外，后者藏于内。构成房屋屋顶的梁枋有高低多层，有时在同一根立柱上，有不同高低
的梁枋与它相接，所以在柱身上就会有不同高度的梁托。

梁托

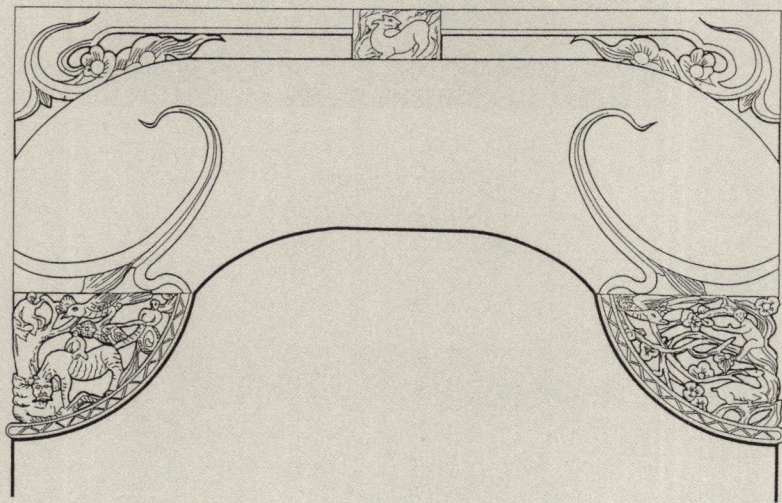

梁托

梁托的外形有与雀替相似的，上面有替木，下有斗栱支托，但多数外形都呈比较简单的等腰三角形。室内露明的梁枋多加工为月梁形，上面两头削为弧形，梁底加工为弯曲的弧线，因此位于梁下两头的梁托外形即顺着梁下的弧线而成为四分之一的圆形，与梁枋组成为一个自然的整体。

梁托体量不大，但表面多加有装饰，细细的边框之内简单地用回纹、万字纹满布，多数喜用动、植物纹样，树上猿猴，树下牛、羊。浙江建德新叶村一座祠堂的梁下四个梁托，外形相同，里面分别雕着厅堂桥亭，鱼、鸟、兽，构图、形态都很生动自然。也有在这小小的木构件上雕出人物众像的。南方一些较为讲究的住宅的厅堂内，梁两头的梁托外形更加复杂，有用植物枝叶、花果组成装饰图案的；有在普通雀替的前方挑出石榴、大桃的；有在雀替下加灵芝的，造型自由而随意。

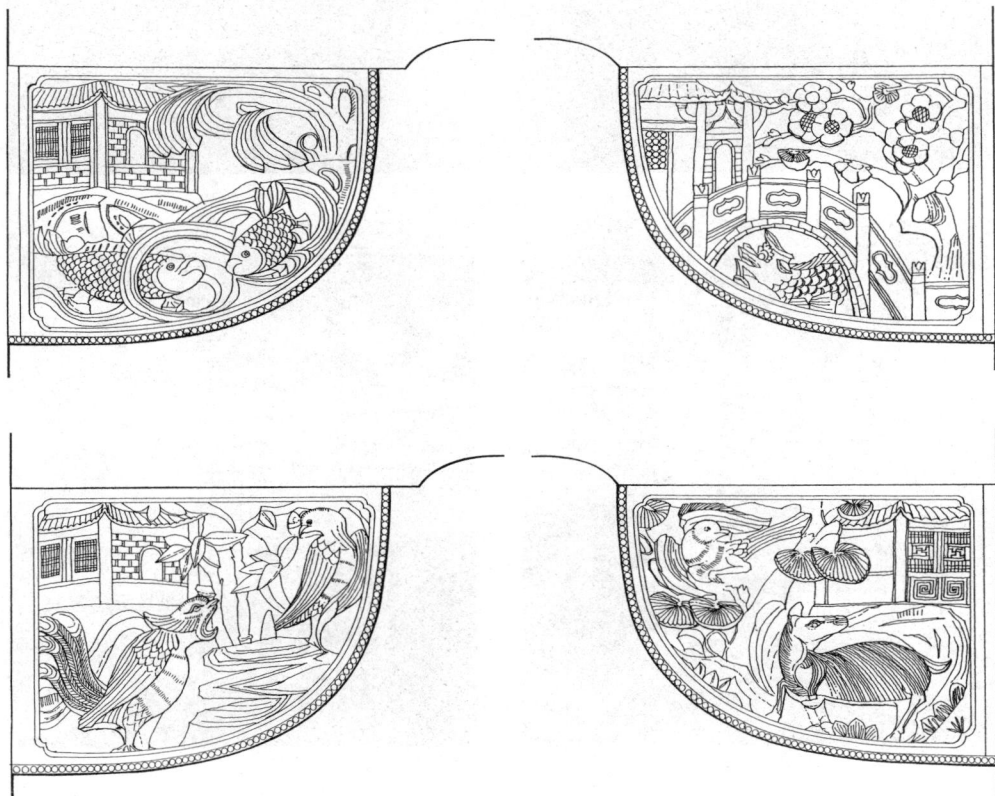

浙江新叶村祠堂梁托

南方厅堂梁托

南方厅堂梁托

楣子、花牙子

　　楣子是位于房屋檐柱之间，檐额之下的一种装饰性构件，同时也起到防止梁柱之间发生倾斜的作用。整体呈扁平长方形，长随两柱之间的广度，常用在比较次要的厅堂、楼阁等建筑的外檐，尤其在园林的楼、堂、轩、亭、廊等建筑上多采用这种装饰。北京紫

楣子、花牙子图

花牙子

北京紫禁城倦勤斋楣子

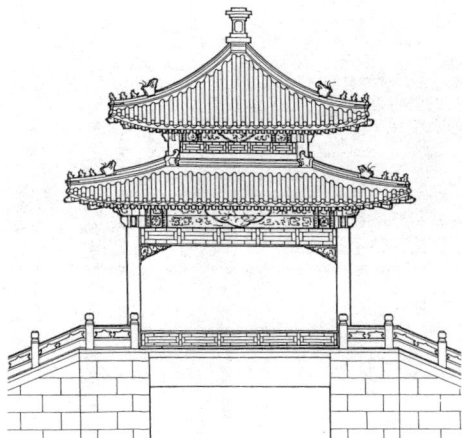
北京颐和园桥亭楣子

禁城大量的殿、堂、宫、庑建筑上，在檐额与柱子之间都用雀替装饰，但在宁寿宫花园里，不但在古华轩、禊赏亭这类小式建筑上，而且在清乾隆皇帝休息和观赏戏曲的倦勤斋上也见到这类楣子装饰。皇家园林颐和园里，这种楣子更得到广泛应用。从高达多层的德和园、听鹂馆戏台、佛寺转轮藏，到万寿山上的画中游楼阁，从山

脊上的湖山真意到昆明湖滨的鱼藻轩，都在檐额下两柱之间用楣子。昆明湖西堤上几座桥亭，四方的、多角的，每一座亭子的柱间额下都有楣子。万寿山脚下长达728米的长廊，在它273开间的每一个开间的柱间都有楣子。

楣子呈扁长方形，四周用木材制边框，框内用木棂条组成各种式样的格网，整体安装在两柱之间、檐额之下。从颐和园大量实例看，楣子边框内几乎都用的是步步锦式样的棂格，若以一组步步锦为单元，那么根据柱间不同之宽度而采用若干组，例如德和园大戏台，檐柱间距有宽有窄，中央开间最宽，檐柱间用了七组步步锦；左右开间次之，柱间用五组，两侧开间更小，则楣子里分别用四组、一组步步锦。在楣子的色彩应用上也颇有一些讲究。总体看，颐和园为皇家园林，所以从建筑布局、形象以至于色彩上都体现出皇家宫殿建筑之宏伟气势，和山水园林

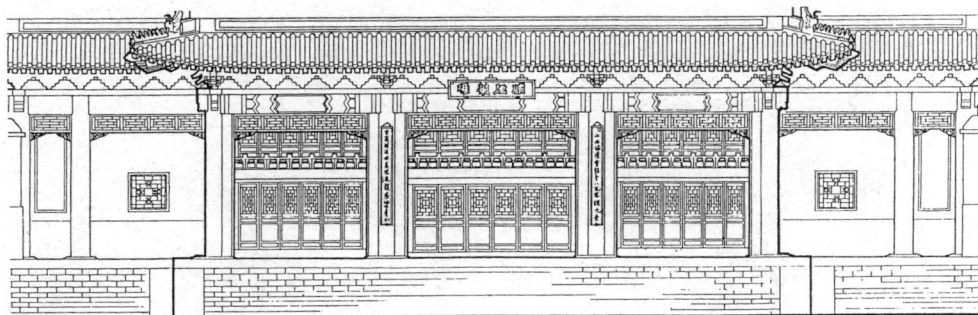
北京颐和园大戏台楣子

颐和园长廊柱子上、下方的楣子构件

长廊楣子的色彩

环境之自然。所以在色彩上，即使是在帝王上朝理政的仁寿殿也不用黄琉璃瓦屋顶，在万寿山中央最中心的佛香阁顶上中心用的是黄琉璃瓦，绿色瓦为边沿。在以南方江苏无锡寄畅园为蓝本建造的谐趣园内，沿着中心湖水的亭、榭、廊上，如果用的是红色柱子，那么楣子内步步锦为绿色棂格；如果用的是绿色柱子，则楣子的步步锦变为红色的了。在宫殿建筑上用红门窗、红柱子、红墙，红色成了主色调，而绿色当然表现了植物树木的园林色调。在谐趣园的亭、榭建筑的楣子用色上也体现了皇家园林亦宫亦园的双重性。

　　在颐和园的亭、廊建筑上，我们不但在檐额下看到楣子，而且还在柱间下方的坐凳下看到这种楣子构件。在这里，楣子不但是一种装饰，同时在结构上还起到支撑长板坐凳的作用。一条几百米长的廊子，每两根柱子的上方和下方都有楣子，若柱子和坐凳为绿色，则上下楣子为红色。如果再仔细观察，两柱之间枋子下面的楣子都由三组步步锦棂格组成，中央一组为蓝色棂格，两旁为绿色棂格；再看左右两开间的楣子，则中央一

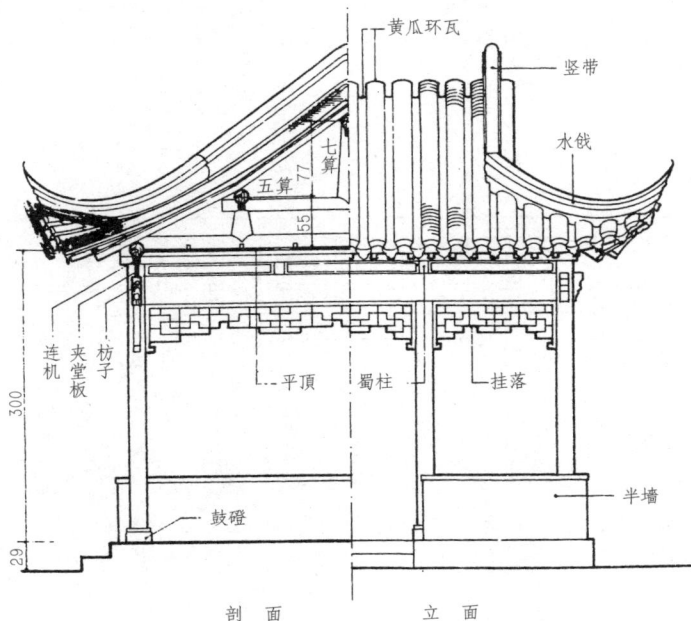

南方园林建筑的挂落

组为绿色榇格，两旁为蓝色榇格了。就是说从长廊总体看，枋子下的步步锦榇格的色彩始终保持蓝绿二色相间隔。这种色彩的配合不但表现了皇家园林亦宫亦园的特征，同时也增添了色彩装饰的效果。

楣子下边与柱子的交接处也有一种构件，它的位置和檐额、柱子交接处的雀替一样，但在这里被称为"花牙子"。花牙子的外形与雀替相似，呈扁平三角形，但它不用实心木板而是用木榇条组合而成，常见的有条纹形和卷草形。楣子与花牙子组合为不可分割的整体，它们都是由细木榇条组成网格，其形式当然不只是在颐和园里见到的步步锦一种形式，灯笼罩、冰裂纹也是常见的式样。

值得注意的是在亭、榭、廊上常用的楣子、花牙子在江南园林的亭、榭、廊上却很少见到，在檐柱、檐额之间同样的位置几乎都用挂落来装饰。在前面介绍挂落时着重讲的是北方寺庙、住宅上的挂落，它们的特点是多用实板在两面进行雕饰，雕法有浅雕、深雕，有时也用透雕。挂落上采用的形象和表现的内容比较多，表面还施以彩色，显得很华丽，成为建筑立面上很重要的装饰。但是在江南私家园林中建筑上的挂落却是另一种式样，它们都是用细木榇条组成网格，密度不大，除了能见到有万字纹之外，几乎都是几何形的组合，没有人物、动物和植物的形象，看不出有什么象征性的内涵，它们只是一种具有形式美的构件，在柱间梁上起到装饰的作用。

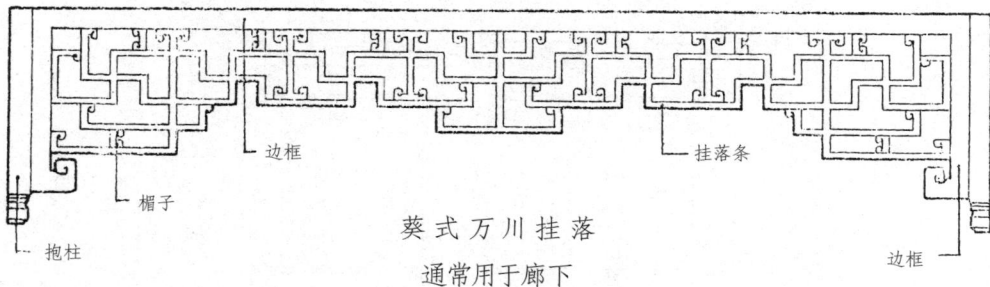

葵式万川挂落
通常用于廊下

——抱柱　——楣子　——边框　——挂落条　——边框

《营造法原》挂落图

第五章

斗栱、撑栱、牛腿

以木构架为结构体系的中国古代建筑，除了少数气候干旱少雨的地区之外，绝大部分的房屋为了易于排除雨雪，都采用坡形屋顶，人字形的两面坡、四面坡和各种形式的攒尖式屋顶，使房屋有了不同的坡度。早期房屋的建造材料主要为泥土和木材，泥土的地、泥土的墙、木头柱子和梁架，后来人们掌握了烧砖、烧瓦的技术，房屋墙体用砖砌，地面用砖铺，屋顶用瓦，但砖、瓦都是用泥土烧制而成的，所以自古以来人们把建造房屋的工程称为"土木工程"，一直到现代，有些高等学校的建筑工程方面的专业仍称为土木工程系或学院。不论是土墙或砖墙或是木头的柱子和门窗，它们暴露在房屋四面

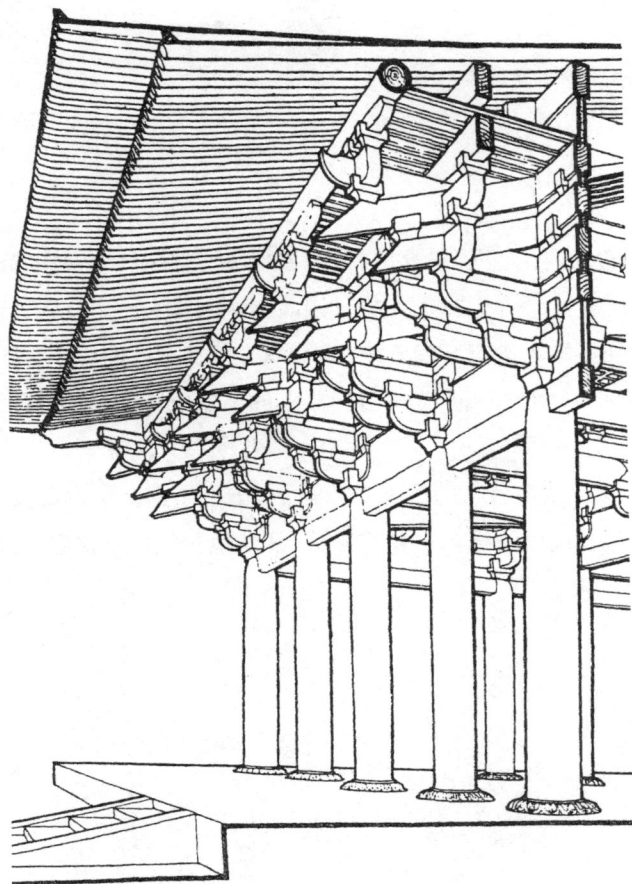

山西五台山佛光寺大殿斗栱　　203

天津蓟县独乐寺观音阁斗栱

都怕日晒和雨雪的侵袭，为了保护这些构件，古代工匠都把屋顶四周的出檐尽可能地伸出。山西五台山唐代佛光寺大殿的屋檐伸出墙体达四米之远；天津蓟县辽代建筑独乐寺，其中的观音阁下层出檐有三点五米，而只有一层三开间的山门，檐柱高四米，它的屋顶出檐也接近三米。所以硕大的屋顶，深远的出檐成了唐、辽时期大型建筑的风格特征。

　　这么深远的出檐依靠什么构件来支撑呢？历史上遗存至今的众多建筑的实例告诉我们，这种支撑屋顶出檐的结构主要有三种，即斗栱、撑栱和牛腿，现在将它们归入同一章，分别予以介绍。

斗　栱

一、斗栱形制

斗栱是中国房屋木结构中很特殊的一种构件。为了支撑屋顶出檐，古代工匠用弓形短木从柱头和檐额上挑出，一层不够再加一层，在两层弓形短木之间用一小块方形木垫，弓形木称"栱"，小方木外形如古代量器的斗，因此这种组合的构件称为"斗栱"。斗栱用在屋檐下，可以使屋檐挑出的深度加大，也可以用在梁枋的两端和两层梁枋之间起到托、垫的作用。

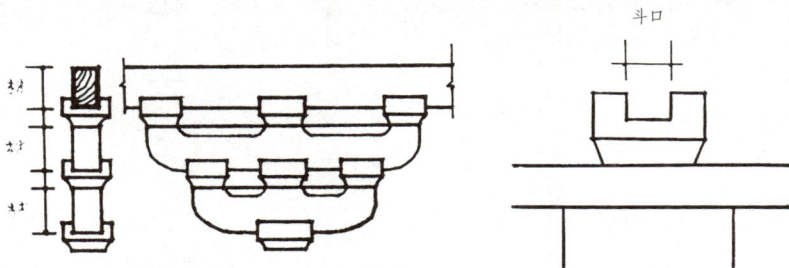

斗栱图

斗栱的出现很早，公元前5世纪战国时期的铜器上就有斗栱的形象，之后在汉代墓阙、明器、地下墓室的画像砖、画像石的雕刻上都可见到这类在房屋屋檐下的斗栱，它们的形象尽管还比较简单，但说明斗栱在两千年前已经被广泛使用了。上面说到的五台山佛光寺大殿出檐达四米之深，观察屋檐下结构，可以发现完全是由斗栱支承了屋檐出挑的檐部。从大殿正面看，七开间的八根柱子上端各有一组斗栱，它们都从檐柱的柱头上伸出，经过四层的挑出与升高直至屋檐下支托住檐檩。在两根立柱之间的檐额上也各有一组斗栱，它们从檐额上伸出，经过两层支托住屋檐下檐檩之内的枋子。正是这柱头上的八组和檐额上的七组斗栱共同支承出大殿深远的出檐。天津独乐寺观音阁、山门

205

清代斗栱

的出檐同样都依靠一组组的斗栱支撑挑出的屋檐。从这两处实例可以看到，这时期的斗栱完全是一种结构上的构件，为了支撑深远的屋檐，它们的单体比较大，排列比较稀疏，除柱头上多有一组外，每个开间的檐额上也只有一组。所以从建筑整体造型上看，除了"硕大屋顶，出檐深远"之外还应该加上"斗栱雄大"共同构成了唐、辽时期建筑的特征。

随着建筑材料与技术的发展，房屋的墙身逐步用砖代替了土，从而使房屋的出檐不需要那么深远，因此檐下的斗栱尺寸也逐步减小。如果以唐、辽时期的檐下斗栱为起始，经宋、元而至明、清，可以明显地看到这种斗栱由大变小的状况，但它们仍为屋檐下不可缺少的构件。为了便于制造和搭建施工，斗栱的式样越来越趋于统一，至少在一个朝代总想将它们的形制予以规范。宋朝廷颁行的《营造法式》充分说明了这种情况。在《营造法式》中的"斗栱"部分，不但对斗栱各部分的名称、功能、组合方式，而且对斗栱用在不同等级建筑上的大小都作了规范化的说明与规定。由于斗与栱的尺寸都比较小，工匠在房屋的设计与施工中，逐渐将它们的尺寸当做一种单位，作为房屋其他构件大小的基本尺度。在《营造法式》中将这种实践经验总结成为一种规范，即把斗栱的栱形木材的断面定为一种基本尺度，称为"材"。大自房屋的宽度和深度，小至房屋的柱、梁大小，都用"材"的倍数进行计算，而"材"又分为大小几个等级以便于不同大小的建筑采用，于是原来只是斗栱弓形构件的尺寸如今成了建筑大小和构件的一个基本"模"数。这种制度发展至清代，原来以栱的断面尺寸为一"材"的模数制改为以一组斗栱最下面的大斗的斗口大小为基本尺度，一幢清代官式建筑的柱径、柱高、开间大小皆以斗口为单位进行计算，例如檐柱高按斗口六十份，柱径按斗口数六份，等等。总之斗栱的价值得到很大的提升。

房屋出檐的缩短意味着斗栱的缩小和使用个数的减少，但是在明、清时期的建筑上，屋檐下斗栱每一组体量尽管大大减小，但数量却增多了，柱头和柱间的檐额上一组挨着一组排列着斗栱。而且这时期的斗栱除了在柱头上的还起到支撑屋檐下檐檩的作用外，其他在檐额上的座座斗栱已经不起结构作用而成为纯装饰性的构件了。在"以礼治国"的封建社会，大自房屋高低大小，小至开几座门以及门上的装饰都按房屋主人的官职地位而分出不同的等级，在斗栱的使用上也是如此，在明、清两朝有关建筑的法规中就包含着哪一级朝官的用房上允许或不允许用斗栱的明文规定。在营造中将有斗栱的房屋称为大式作法，没有斗栱的房屋称小式和杂式作法，用不用斗栱也成为区别房屋等级高低的一种标志了。

二、斗栱装饰

在宋、明、清时期官定的有关建筑法式、法规中已经把斗栱的形式规范化，尤其斗栱的栱材大小成了建筑设计、施工中的一种模数，因而极大地限制了斗栱在基本式样上的变化与发展。在这样的状况下，为了使斗栱更加美观，除了凭借其自身组合的形象之外，还在它的外表涂以色彩。宋代《营造法式》中专门有"彩画作制度"部分，说的是在房屋梁枋、椽子、斗栱等构件表面进行彩画的形式、制度、用料、用工等内容，除文字叙述外还附有图样。从《营造法式》中可以知道当时斗栱上的彩画有七八种式样之多，有最复杂的赤、黄、红、青、绿五彩并用的"五彩遍装"；有以青、绿色为主的"碾玉装"和"青绿叠晕棱间装"；有以青、绿为主另加红色的"三晕带红棱间装"；有以绿为主，以青相间的"解绿结华装"和"解绿装";也有简单的以土黄、土丹遍刷配以白边的"丹粉刷饰";和以土黄遍刷加黑边的"黄土刷饰"。这些形体基本相同的斗栱以其不同的色彩与花饰被应用在不同性质和不同大小的建筑上。

　　清代对房屋构件上的彩画也有相当的规范。以彩画相对集中的梁枋而言,上面的彩画可分为和玺、旋子和苏式三种式样。和玺彩画以龙纹装饰为主,在青、绿色的底子上描画着金色的龙体,多用在帝王宫殿的主要殿堂上。旋子彩画是在梁枋上以旋子形式的装饰花纹为主,其中又分为若干等级,多用在宫殿次要的殿堂、廊屋上。苏式彩画构图比较活泼,梁枋上可以用动物、植物、人物进行装饰,多用在园林建筑上。屋檐下的斗栱正位于梁枋之上,所以它们身上的彩画保持与梁枋同一风格。以北京紫禁城宫殿建筑为例,蓝天下黄色的琉璃瓦屋顶,屋檐下青、绿色的梁枋斗栱与由立柱、门窗、墙身组成的红色屋身相邻,白色的石料基座与灰黑色的地面相接,正是这蓝与黄,青、绿与红,白与黑的对比使宫殿建筑具有强烈的色彩效果。在这种总体色彩的应用与配置中,檐下的斗栱自然都以青、绿两色为主,它们与梁、枋一起组成的冷色调部分处于黄瓦与红屋身之间,这是指这些斗栱总的色彩,但只要仔细观察它们就会发现,古代工匠对这些斗栱的色彩还进行了细致的处理:如果屋檐或者室内天花下两根柱子之间的梁枋上有若干组斗栱,以其中一组而言,它的斗,如果从最下面的坐斗到最上面的小斗都是蓝色,那么它

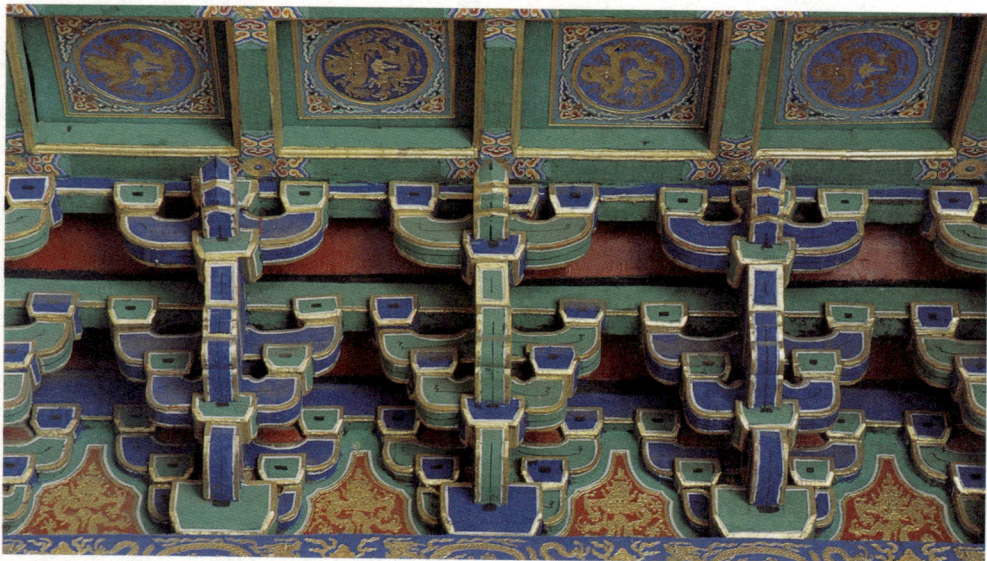

斗栱的间色

斗栱的装饰

的栱都为绿色。再看它左右两组斗栱，它们的斗则变为绿色，而栱变为蓝色。再向两侧看，则斗与栱的色彩又恢复到与居中那组斗栱一样。就是说，一组斗栱本身的斗与栱具有蓝、绿不同色彩，同时与它相邻的斗栱又与自己具有不同的色彩处理。这种用蓝、绿两种色彩相间应用的方法称为"间色"，于是蓝、绿二色，尽管都属于相近的冷色，但是用了间色法，也使它们显得丰富而有变化了。斗栱除了刷在表面的色彩外还用一种颜色作边缘，常见的有金、蓝、绿、黑、白几种，多根据梁枋上彩画的种类而选用，如在重要宫殿上用和玺彩画，则其上的斗栱用金色边线；在廊庑上用等级较次的旋子彩画，则其上的斗栱用黑色边线。在有些建筑上，也有在斗栱上绘制动、植物花饰的，但在宫殿建筑上很少见到。

现在，我们把视线转向各地区建筑上所见到的斗栱。中国地域辽阔，从南方到北方，从古代的官府、寺庙到祠堂、会馆，其中有不少建筑有用斗栱的，这些斗栱与官式建筑的斗栱相比在形态上有什么特点呢？总体看，地方建筑上的斗栱在形式上没有统一的规范，因为这些斗栱的大小并不一定都成为建筑构件的基本模数。正因为如此，它们的

斗栱的装饰

组合形式很自由，甚至一斗一栱的式样也可以不按宋式、清式标准的斗与栱的形式。斗栱的装饰，从形式的加工到施以雕刻、彩绘都十分多样化，现在分别介绍如下。

第一，在北方邻近北京、河南开封等古都的河北、山西地区的一些寺庙上可以见到殿堂的屋檐下多有一排排的斗栱，它们的形制比较规矩，多接近于宋式、清式斗栱的标准式样，但在这些斗栱表面的彩绘装饰却十分多样，花纹可有可无，可多可少。在比较讲究的寺庙、祠堂的斗栱上，有的用雕刻作装饰，有的在栱前加木

各地建筑斗栱的彩绘

各地建筑斗栱的彩绘

斗栱上雕刻装饰

斗栱上两翼装饰

斗栱上的花板

斗栱上的花板

雕花板作装饰，有的在栱的左右伸出两块雕花板，好像斗栱长出了两翼，有时这种翼形花板还分为上下两层，大大美化了斗栱的造型。

第二，多数地方建筑的斗栱都会有形态上的变化。常见的有在中心线上的几层斗上除了向前伸出华栱，向左右伸出横栱之外，还在45°的斜向上伸出一跳栱，有的在斜栱头上的斗内又伸出斜栱，这样的形式称为"如意斗栱"。如此一来，原来只有纵横两方向的多层斗栱变为纵、横、斜三面组成的斗栱了，从外形上很像是一大束香蕉倒放在梁枋上，使斗栱的整体形象更趋复杂。

再一种常见的形式是斗栱本身构件形状的改变。在宋式和清式斗栱中除了弯曲的栱和方形的斗之外，还有一种称为"昂"的构件。昂为一条长木位于斗栱中轴线的方斗之上，前端有尖形的昂嘴，向前伸出，后面的昂尾压在檩子下起到杠杆的作用。这种伸出在斗栱前面的昂嘴往往成了装饰的重点。原来是下面平直、上面呈弧线的昂有的做成整体呈弧形了，简单的昂嘴变成了三伏云头、卷草叶头，有的变成了龙头。更有甚者，在山西襄汾丁村的一座木牌楼上，支撑屋檐的层层斗栱，把所有伸出的昂都做成大象的长鼻子，显得十分生动有趣。

造下昂之制　自上一材垂尖向下，从枓底心下取直，其长二十三分。其昂身上彻屋内。自都枓外斜杀向下，留二分。昂面中頔二分，令頔势园和。

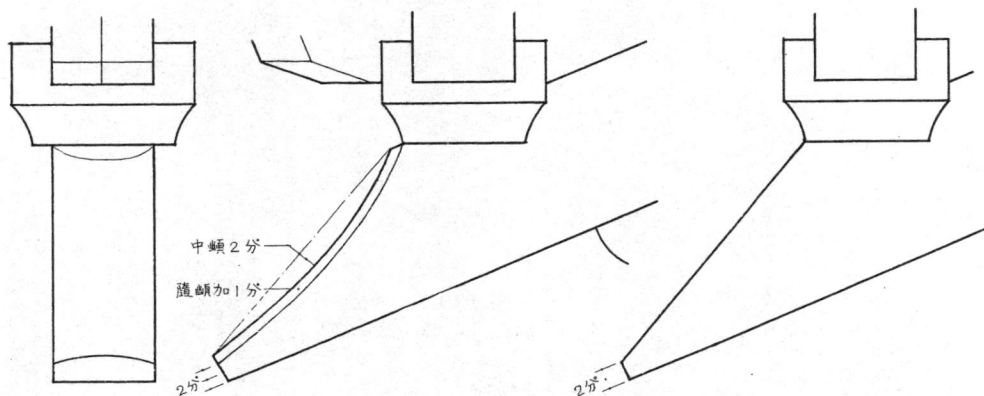

中頔2分
隨頔加1分
2分

亦有于昂面，随頔加一分，化杀至两棱者，谓之
琴面昂

2分

亦有自枓外斜杀至尖者，其昂面平直，谓之
批竹昂

斗栱昂图

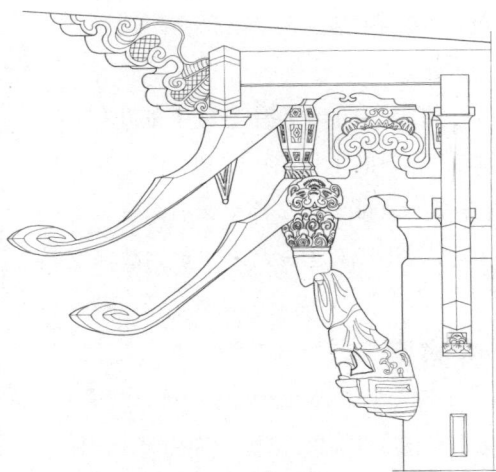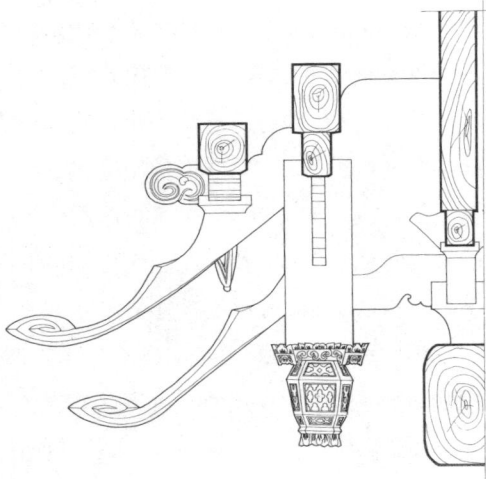

昂的变形

山西丁村木牌楼上的象头昂

云南云龙玉皇阁斗栱

　　也有把栱与斗变形的。云南云龙县城的玉皇阁，屋檐下一组组斗栱的华栱与横栱都变成了三伏云和回纹的形式。这个县的诺邓村一座寺庙前的木牌楼，屋顶很大，出檐深远，屋檐下有一排密集的斗栱支撑着屋顶，每一组斗栱都由梁枋上连续挑出六跳，在这里每一出跳的华栱都变成了一个木雕，自下往上分别为夔龙头、卷草头、龙头、草纹头、龙头，而承托这些木雕花头的斗分别为方形斗、花瓣形斗、六角斗、荷花形斗与方斗，而且这些华栱头又分别用了蓝、绿、褐几种颜色。这些密集的斗栱远观整齐划一，近观变化无穷。山西泽州县李寨乡有一座三教寺，它是把佛、道二教与儒家合在一起的一座寺庙，庙里的大殿规模相当大，而且对木结构梁架做了很细致的装饰加工。檐柱与梁枋之间雕刻有大型的雀替，从最外面的檐额到里面的几层枋子上，常见的彩绘装饰在这里都变成了木雕，尤其在檐额上，用的是一层透空的、起伏很大的木雕依附在表面。在这样的屋檐下，一组组斗栱也进行了适当的装饰加工：首先用多层斜栱丰富了斗栱的整体造型；其次把一层一层的华栱都改为用花叶卷草组成的木雕；再者将斗栱上的短梁整体雕成一条游动的行龙，龙头在外，龙尾压在室内的檩木下，龙身表面还雕出龙鳞。可以说，工匠对传统的斗栱进行了充分的加工处理，大大增强了它们的装饰性。三教寺大殿这些斗栱木雕的色彩尽管多已退色，但它们仍使大殿保持了十分华丽的形象。

云龙诺邓村牌楼上斗

山西李寨乡三教寺斗栱

第三，既然斗栱从整体到零件都可以进行加工改造，那么斗栱原来所具有的规范形式对工匠的约束力就越来越小，一种在屋檐下起支撑作用的，来源于斗栱，但已经变异了的构件开始在各地出现了。福建连城市培田村有一座久公祠，祠堂正面宽三开间，中央开间是一座四柱三间三座屋顶的牌楼式大门。牌楼的屋顶出檐很深远，屋檐下有四层斗栱式的构件支撑着上面的瓦顶。之所以称它们为"斗栱式"是因为它虽然有坐斗的零件，但又不按斗栱的形式组合。细看这些构件，是在一个花瓣形的坐斗上向前和左右呈45°方向伸出三片花板，在花板顶端各安有一只坐斗，在这几只坐斗上有的又伸出几片花板。如果以一只坐斗上有三块呈放射形伸出的花板为一个基本单位，那么正是由这样的单元上下、左右组合在一起构成屋檐下承重的网状构件，这些由卷草纹组成的透空的花板相互交织在一起，组成极具装饰性的部分。

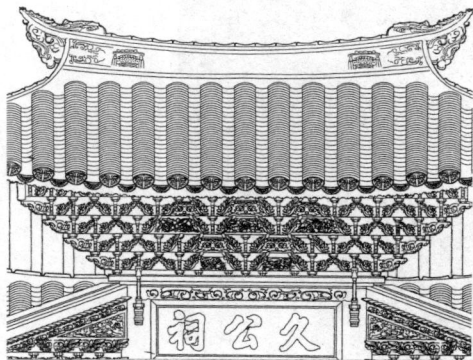

福建培田村久公祠牌楼门斗栱

云南大理住宅大门斗栱

　　这样的檐下构件在别处也能见到。云南大理民间住宅的典型形式之一是"三房一照壁"式的四合院，即由三面房屋和一面照壁组合而成，住宅的大门设在影壁的侧面角上。这里的四合院都是灰砖白粉墙，白色的照壁，只在白粉山墙头和照壁的四周有一些彩绘的装饰，而住宅装饰的重点是在大门的门头上。大门上有上下两重屋顶，屋顶自墙面伸出很大，屋檐两头起翘很高，使屋檐成为一条弯曲的曲线，而这两层屋檐都依靠檐下层层的小斗栱支托。这些斗栱也和福建培田村的久公祠大门檐下的斗栱一样，只能看到斗，在斗上伸出的不是栱而是花板，只是这里的花板比久公祠的更花哨，上下两层的花板不仅花饰不同，而且颜色也不同，有褐有蓝有绿，从大门上的横枋伸出，一层一层向上升起向外挑出，共计五层，构成一副十分华丽的网状结构。前面说过，清代将这种有斜向斗栱的组合称为"如意斗栱"，而这里是把正向、斜向的栱全改成了雕花板，其装饰效果更为显著而强烈。大理住宅的大门被视为这类住屋最具代表性的部分，而门头则是大门最具装饰性的中心，它在四周白粉墙的衬托下，犹如身着白衣、白裤的白族姑娘头上的彩饰，显得光彩夺目。

　　还有其他地区的牌楼、大门在屋檐下也有这样的构件，它们来源于斗栱，但在工匠的手中，它们已经不受斗栱传统规范的限制而变异了，各地工匠用他们的才能与智慧，创造出了比斗栱更具装饰性的新的构件。

223

云南大理住宅大门斗栱

撑　栱

在屋檐下起支撑作用的斗栱是中国古代木结构很特殊的一种构件,它用一块块不大的斗与栱相互拼接居然能支撑住出挑那么深远的屋檐,这不能不说是古代工匠的一种创造,而且还发展成为计算房屋各部分构件的基本尺度单位,使斗栱在木结构中具有了更特殊的地位。但是斗栱的制作与安装却是极费工、费时的事情,因此在各地的大多数建筑上不用斗栱而用简单的撑木。屋檐下用一根木材,下端顶在柱身上,上端支在撑枋下,一根柱子上用一根就将屋顶的出檐支撑住了,既省工省料,在结构上也简单合理。这种支撑之木可能因为与斗栱起着同样的作用,所以称为"撑栱"。

撑栱的用料很简单,一根圆形木棍或者断面呈矩形的木条。建筑上各部分的构件通过工匠的制作多进行了美化加工,撑栱也不例外。这种加工表现在两方面,一是对撑栱整体形象的加工;二是对撑栱表面的装饰处理。

一根直的木料显得僵硬,于是将它们做成弯曲的弧形,总体上显得更加柔和了。这种弧形撑栱都把栱线朝外,在结构上更有利于把上面的重量传递到柱子

简单撑栱

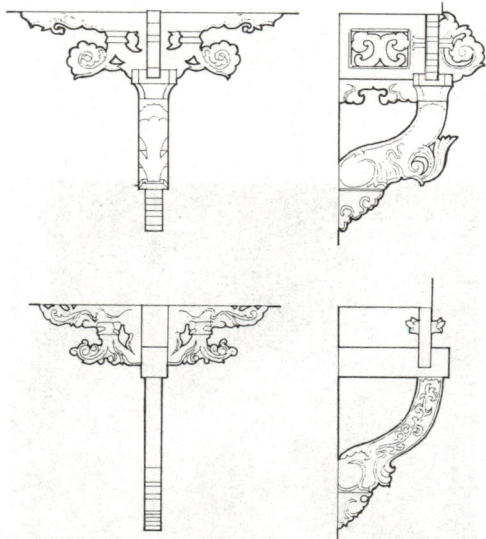

卷草形撑栱

上。由多组曲线组成的外形，也使整体更富变化。

对撑栱表面的装饰有简有繁。简单的是在撑木表面上雕刻各种花饰，植物枝叶组成的卷草纹居多，草纹中雕出一个龙头即成了草龙。有的在弯曲的撑栱头上雕出几朵福云，使撑栱有如一枝灵芝或如意悬挂在屋檐之下。复杂的是把撑栱整体雕刻成一组植物、一种动物。植物中的卷草纹形态自由，可以组合成任意的外形，但也有把撑栱雕成一组莲荷的，下端为水浪纹，水中生长出片片荷叶，有的卷曲，有的下垂；荷叶中荷花挺立，有的含苞待放，

卷草形撑栱

莲荷撑栱

草龙撑栱

有的花瓣盛开，上端还有一只飞禽。一根简单的木支撑在这里变成一件立体的莲荷木雕了。

在讲究的建筑上，多将撑栱雕刻成动物形状，最常见的就是狮子。狮子为兽中之王，性凶猛，在佛教中狮子是护法之兽，在民间它又成了护宅之兽，所以在北京皇城大门天安门前就有石狮子卫护。紫禁城内的太和门、乾清门、宁寿门、养心殿的门前左右都有铜狮子护卫着，只是根据这些建筑群的重要性而使用了大小不同的狮子。狮子在民间也是百姓喜爱的动物，

原本凶猛的野兽，经过人扮狮子的表演，通过狮子登高、钻圈、对舞、耍绣球等等有趣的动作，狮子竟然也有了一副可亲可逗的温顺模样了，并带有喜庆、吉祥的象征了。正因为狮子具有了这样多方面的意义，所以不仅限于在大门前，在建筑其他部分也多见狮子的形象。室内的梁枋上，室外的屋顶上，牌楼的夹杆石上都有狮子出现，屋檐下的撑栱自然也喜欢用它。撑栱雕刻成狮子，为了使狮子正面朝外，必然狮头朝下，狮尾在上，狮身随撑栱的弧形而弯曲，狮子前肢抱着绣球，完全是一副民间狮子舞中憨态可掬的形象。除了狮子之外，龙也是人们喜用的题材。龙虽然象征皇帝，但它早已是中华民族的图腾形象，具有神圣的象征意义。尽管朝廷禁止在民间建筑上用龙作装饰，但是除了在京城外，地方上仍有用龙作装饰的，民间仍盛行着年节时耍龙灯、赛龙舟的习俗，甚至建筑的梁枋、斗栱上也用龙作装饰。龙既为神兽，其形象不像狮子要受到真实形象的约束，可以自由变化，所以将撑栱雕成龙，可以是整条龙体，龙头在上，有的龙腿龙爪还伸出在外，形象很有动感。有的雕成龙头卷草身的草龙。动物中的鹿性格温驯，鹿角上的鹿茸为名贵药品，鹿又与"禄"谐音，所以也有把撑栱雕成鹿的。为了正面朝外，所以也将鹿头朝下，鹿身上拱，但它的形象不如狮子那么自然。

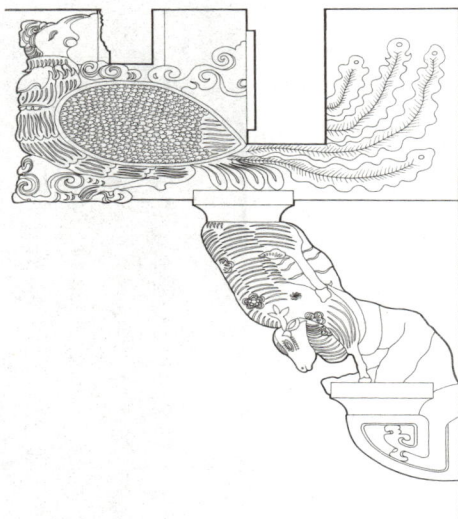

动物形撑栱

动物形撑栱

人物撑栱

牛　腿

　　撑栱制作方便，在功能上也很好地解决了支撑屋顶出檐的问题，但是一根撑木可提供工匠用作装饰的部位毕竟有限，于是，工匠开始把撑栱后面与柱子之间的三角形空当也用作装饰的部位了。先是在这空档里填一块雕花木板，木板上雕有动物、植物，它们与撑栱上的装饰没有联系，相互独立成章。经过长期实践，这空当的装饰逐渐与撑栱联为一体，于是一根木棍或木条的撑栱变成了直角三角形的构件，称为"牛腿"。牛腿在结构上的功能与撑栱一样，支撑着屋顶的出檐，只是构件大了，自身重了。所以由撑栱发展为牛腿并非由于结构功能的需要而完全是为了装饰。现在从装饰题材的内容、装饰题材的组织、牛腿在屋檐下的设置等几个方面分析牛腿的形态。

一、装饰题材的内容

　　从全国各地建筑上大量的牛腿装饰上可以看到，它们所用的题材既有植物、动物，也有人物和器物。这些题材既有单独用在一件牛腿上的，也可以几种题材组合同时出现在一件牛腿上。这些题材有的具有形态之美，如植物中的卷草枝叶与花卉；有的具有特定的象征意义，如前面讲过的神龙、狮子、鹿，还有鹤，细长的脖子，尖尖的嘴，亭亭玉立，不但形象好而且还有长寿的寓意，所以古人把长寿称为"鹤龄"。器物中常见的有古鼎、古瓶、古樽等，人们用这些器物象征文化，喻义有通古博今的学问。植物中的松、竹、梅被称为"岁寒三友"，乃植物中的高品，比喻人之崇高品德；莲荷植于污泥之中，其根为藕，质脆而能在淤泥中节节生长，荷花有粉有黄有白，清丽花朵皆产自污泥之中，这种"质脆而能穿坚"，"出污泥而不染"的特征不仅仅为一种植物的生物特性而且还内涵着深刻的人生哲理。正因为采用了这些动、植物和人物、器物，所以小小的牛腿也成为显示时代意识和人们理念的一方宝地。

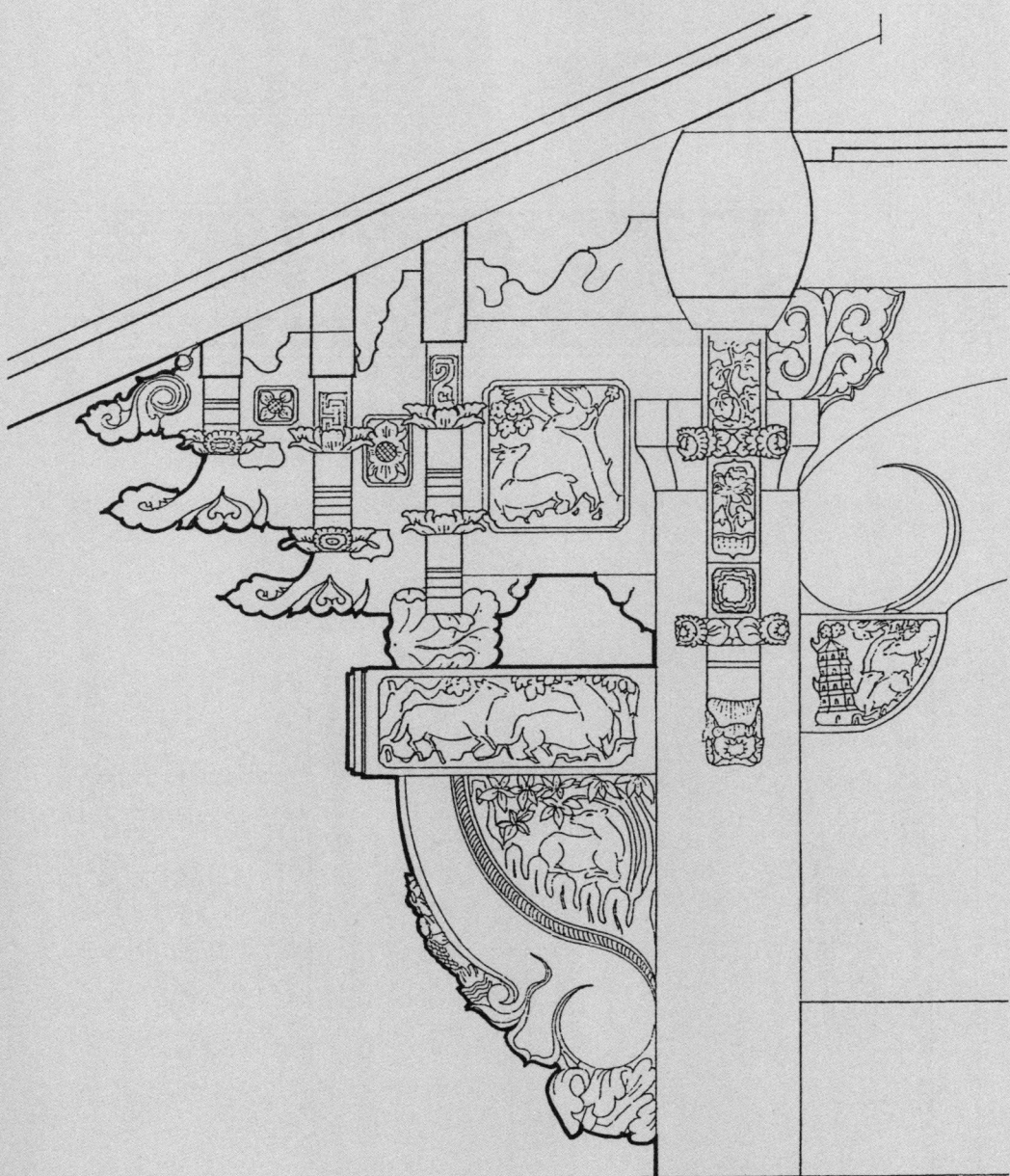

撑栱到牛腿过渡

卷草发展图

（左）敦煌石窟北魏时期卷草纹（上左）大同云冈石窟卷草纹（上右）邯郸响堂山石窟卷草纹
（下）敦煌石窟唐代卷草纹

卷草组合牛腿

二、装饰题材的组合

要把这些富有象征意义的动物、植物、器物和人物显示在牛腿上，多采用下面这些组合方式。一是用卷草纹组成牛腿。卷草纹是植物枝叶纹样的称呼，最早出现在敦煌石窟的壁画上，是一种随着佛教艺术传入我国的植物纹样，它的典型式样是三瓣或者四瓣叶子连在一起，附在波浪形的长梗上左右生出，左旋右转地组成长条的边饰，这种纹饰原称忍冬草。这种忍冬草的边饰图案经过中国工匠之手，也注入了中国的传统风格，从山西大同云冈石窟、河北邯郸响堂山石窟石刻和敦煌

卷草组合牛腿

如意组合牛腿

235

唐代石窟的植物纹样中可以看到这种变化的过程：植物的叶形变饱满了，植物的长梗变流畅了，中国传统的牡丹、莲荷也出现在纹样里了。因为这种纹样是由植物枝叶反复翻卷而成，因此被称为卷草纹。卷草纹组合自由，形体可变性强，所以成为装饰中十分常见的形式。在各地的牛腿中应用卷草纹的很多，它们可以直接用卷草的粗梗上下翻卷成三角形而组成牛腿的式样，但多数是在粗梗上加添花叶使其形体更加丰满，甚至把粗梗之端雕成龙头而成为草龙形的牛腿。

二是用回纹组成牛腿。一条组合如回字的纹样称为回纹，它的形体也很自由，可以呈回字，也可以上下左右拐来拐去组成各种形状，适用于各种构件之上，所以又称为"拐子纹"。回纹与卷草纹一样可以直接组成三角形的牛腿，但大多数都是以回纹组成骨架，在它的上面加添一些动物、植物、人物、器物，这样的牛腿在形态和内容上都更显丰富。例如用回纹组成"S"形的框架，在框架中雕出博古架，架上陈列着古鼎、古瓶、盆景等等，从这些器物的形体到博古架边缘的回纹装饰都刻画得十分细致，充分展现了古代工匠的高超技艺。还有的用回纹包含着圆形画面，在上面可以雕出人物、动物的形象。

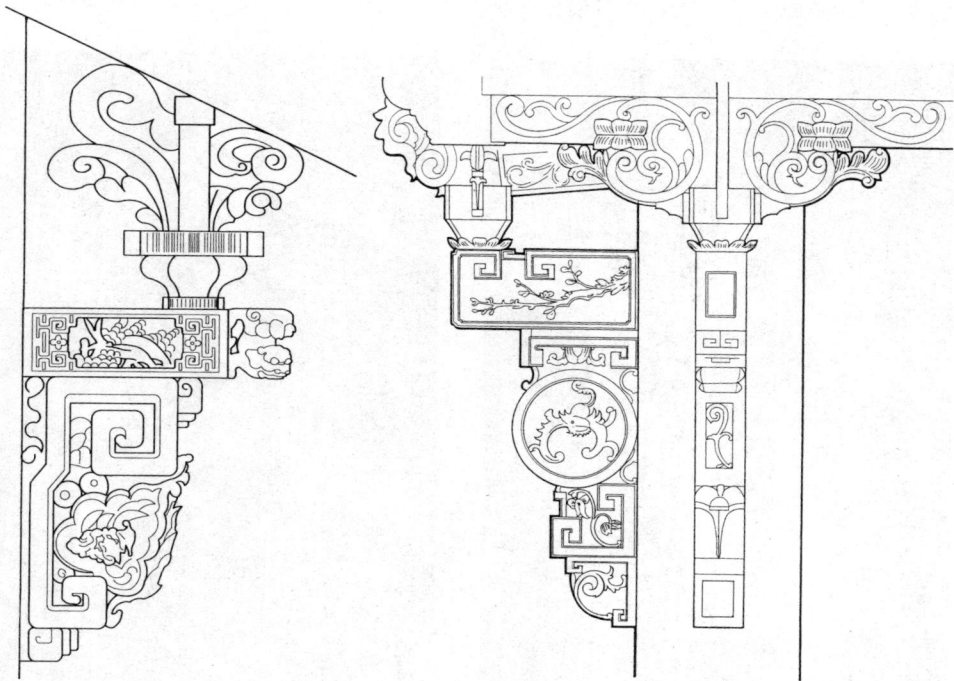

回纹组合牛腿

回纹组合牛腿

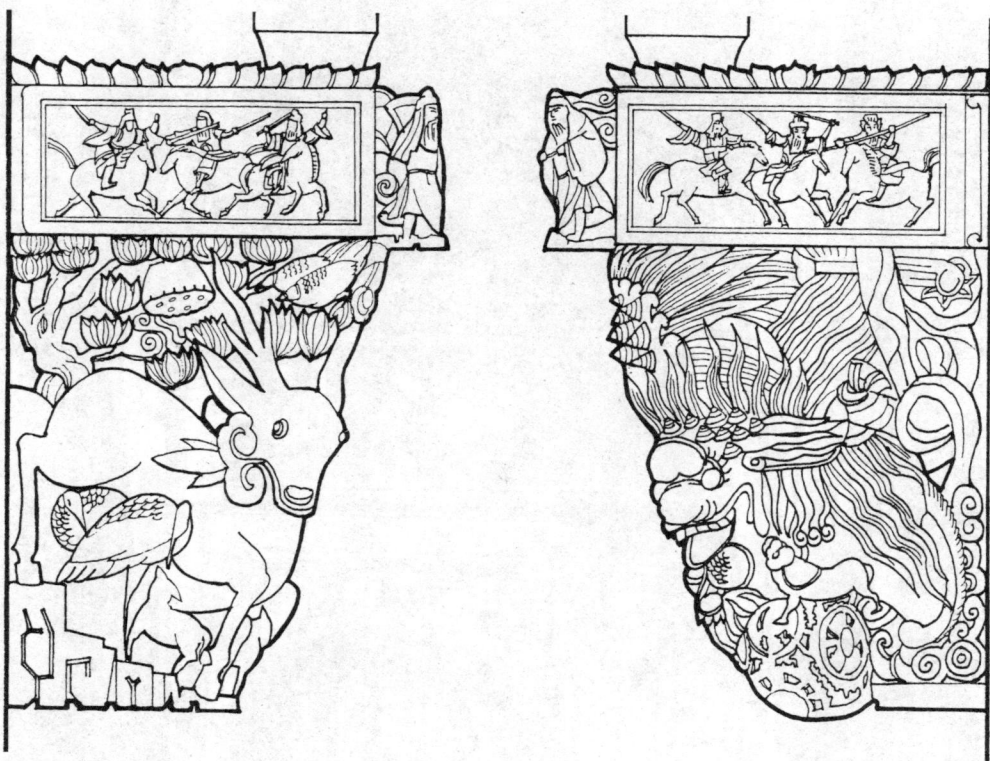

动物装饰牛腿

　　三是以动物躯体组成的牛腿。最常见的是狮子。在牛腿上雕刻狮子，其形象当然比在撑栱上雕刻的狮子更为丰富。倒立在屋檐下的狮子，其身体更加舒展了，狮子的四肢，狮身上的卷毛可以刻画得更加细致了，狮子捧着的绣球可以雕刻得更加透剔了。性格温驯的鹿也出现在牛腿上了，鹿身向前，身下还有小鹿在吸食母奶，身旁还有两只仙鹤，头上还雕刻着荷花与莲蓬，小小的一只牛腿上竟然集中地雕刻出这么许多富有象征意义的动物与植物，表现出丰富的人文内涵。在浙江农村的一座寺庙的牛腿上同样可以见到这种现象：一只细腿长颈的丹顶仙鹤站立在屋檐下的牛腿上，长长的尖嘴中还衔着小鱼，使你想象着仙鹤刚从水中啄食后飞回伫立于岸边，鹤身上生长着几枝灵芝，头上有松枝盖顶，更有多子的红石榴。这仙鹤、灵芝、古松、石榴组合在一起该有多丰富的喻义。

动物装饰牛腿

四是以人物为主体的牛腿，这是牛腿中最复杂的一种。人物中既有文臣，又有武士，他们有的单独站立在牛腿上，有的骑在战马上，双手执铁锤，更多的是由人物组成有情节的画面：大脑门、留着长须的寿星老，一手拄着龙头拐杖，一手托着大仙桃，在跳跃着的孩童引导下笑逐颜开地站在牛腿上，完全是一组木雕艺术品。随着房屋木结构的改进，房屋屋顶的出檐直接由伸出柱子的梁枋头支托住檐枋，于是牛腿原来支撑出檐的结构作用日渐减小，从而使工匠可以对牛腿进行更多的雕刻处理，由原来只在牛腿表面进行浅浮雕而发展为深浮雕，直至透雕，一件在屋檐下的结构构件逐步演变为一件纯装饰的艺术构件。

人物装饰牛腿

人物装饰牛腿

人物装饰牛腿

人物装饰牛腿

三、牛腿的设置

牛腿的设置包含几层意思：一是牛腿在屋檐下的位置；二是在不同建筑和不同位置上牛腿所表现的内容；三是牛腿与其他构件的关系。

牛腿不论在结构上支撑作用大小，它总依附在房屋最前面的一周檐柱身上，所以从总体看，牛腿在一座建筑上的分布是均匀有序的，但它们的形式和装饰内容却并不完全一样。就一组寺庙、祠堂或大型住宅建筑群体而言，其主要厅堂和次要房屋所用牛腿从形态到装饰都会有区别。主要厅堂的牛腿当然形大而装饰讲究；次要房屋的牛腿造型简洁，甚至不用牛腿而用撑栱，从这里也表现出了礼制上的主从等级差别。就同一幢建筑而言，其屋檐下的牛腿形式尽管相同，但装饰内容并非完全一样。浙江武义俞源村有一幢很讲究的住宅万春堂，其门屋檐下并列的牛腿外形和内部分割完全相同，牛腿中心

243

屋檐下牛腿

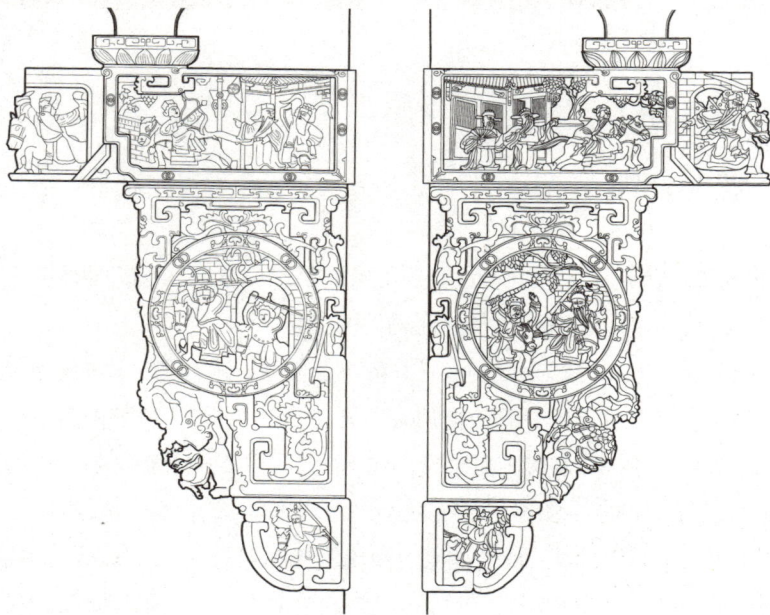

　浙江俞源村住宅牛腿

为圆形雕板，下面有一只木雕狮子拱托着，四周用回纹组成外形。相同的狮子，相同的回纹，但在圆形雕板上却雕出由不同人物组成不同情节的画面。

　　如果仔细观察不同建筑的牛腿，也可以发现牛腿上所用的装饰内容有时还与这些建筑的性质有关。浙江兰溪诸葛村是一座蜀汉丞相诸葛亮后裔聚居的古老村落，村中的丞相祠堂是诸葛氏族祭祀先祖诸葛亮及历代祖先的总祠堂，祠堂最后面的寝室中供奉着诸葛亮的塑像。就在这座寝室的屋檐下并列着几只牛腿，它们都是用回纹组成相同的外形，而在这些回纹的框架中都雕着博古架，架上陈列着古鼎、古瓶和盆景，每只牛腿上博古架的形式以及架上陈列的器物都不雷同，但这些博古器物所表现的博学通古的内涵却是与这位蜀汉名相的身份是完全相符的。浙江建德新叶村有一座文昌阁，阁楼屋檐下四组牛腿也是外形和面上的装饰构图完全相同，都是用回纹围护着中间的

浙江诸葛村丞相祠堂牛腿

浙江新叶村文昌阁牛腿

圆形雕板，而在四个圆板上分别雕着牛、猪、兔几种禽类，这几种动物也只有在农村的乡土建筑上才会有它们的位置，出现它们的形象。

在南方一些寺庙、祠堂的屋檐下，都可以看到在牛腿之上还加了一组斗栱，一只坐斗放在牛腿的顶面，坐斗中伸出多层斗栱，逐级向上承托着檐下的梁枋。应该注意的是这些斗栱多是经过雕刻装饰的：斗栱表面雕满了回纹或者卷草纹；栱的两侧生出卷草形的翅膀；栱的垂直方向也伸出回纹头或云头；甚至在坐斗上伸出纵向和横向的雕花板，它们由卷草组成，上面

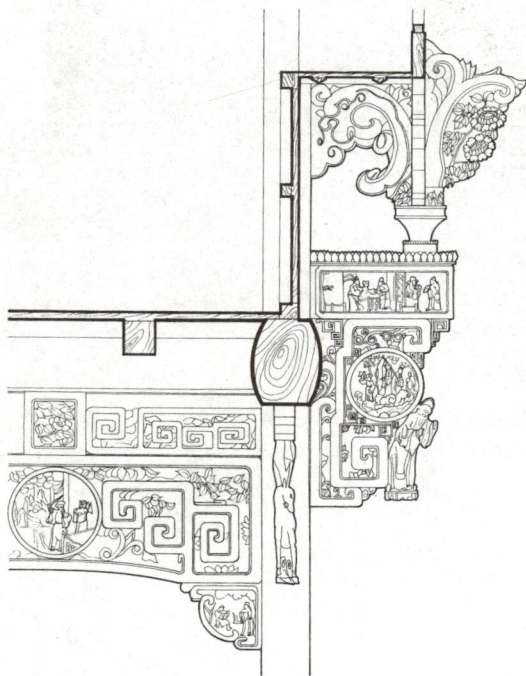

牛腿加斗栱组合

牛腿加斗拱组合

雕着植物枝叶、花卉、鸟雀。在这里，普通的牛腿发展成为由牛腿与斗栱组合在一起的构件了，它们的造型与装饰自然比单独的牛腿更加丰富。

当我们走进一座寺庙、祠堂，或者是讲究的住宅，抬头仰望厅堂的檐下，除了附在檐柱上的牛腿之外，还有梁柱之间的雀替、梁枋下的垂柱头，这些构件上都满布着木雕。雕刻有简洁的，也有复杂的，植物、动物、器物、人物组成各种具有人文涵意的画面，成为系列的木雕艺术品展示在人们面前。它们不仅表现出一个时期社会的理念与意识，同时也显示出了古代工匠高超的技艺，成为古代建筑文化中很重要的组成部分。

屋檐下的木雕装饰

屋檐下的木雕装饰

图片目录

251

第二章　柁墩、瓜柱、穿、花板

柁墩

瓜柱

穿

雕梁画栋

● 图片目录

253

注：

图名后有①者录自《中国古代建筑史》，刘敦桢，中国建筑工业出版社，1984年。

图名后有②者为清华大学建筑学院资料室提供。

图名后有③者为清华大学建筑学院乡土建筑组提供。

图名后有④者录自《梁思成全集》，中国建筑工业出版社，2001年。

图名后有⑤者录自《中国古代建筑史》，第三卷，郭黛姮，中国建筑工业出版社，2003年。

图名后有⑥者录自《营造法原》，姚承祖、张志刚，中国建筑工业出版社，1986年。

雕 梁 画 栋

● 图片目录